Vorwort und didaktisch-methodische Hinweise

Sind die Punkte A und B aufeinandergefaltet, so haben beide bezüglich der Faltlinie dieselbe Lagebeziehung. Irgendein Punkt C auf der Faltlinie hat zu A und B denselben Abstand. Mathematisch ausgedrückt: Die Faltlinie ist die Menge aller Punkte, die zu A und B denselben Abstand haben. Oder kurz: Die Faltlinie ist die Mittelsenkrechte zu A und B (Abb. 2).

Abb. 2

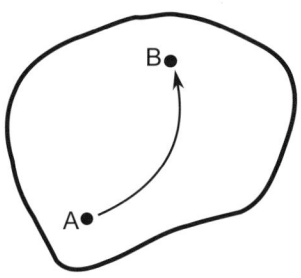
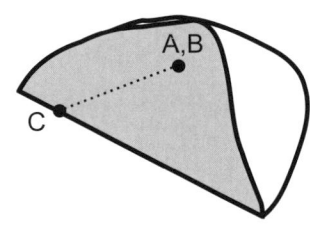
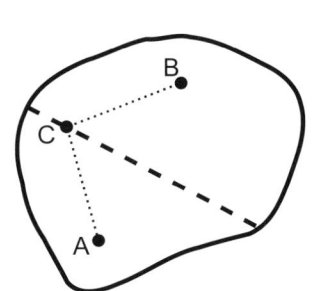

Werden dagegen zwei Kanten, die nicht zueinander parallel sind, aufeinandergefaltet, so entsteht die **Winkelhalbierende** dieser beiden Kanten (Abb. 3):

Abb. 3

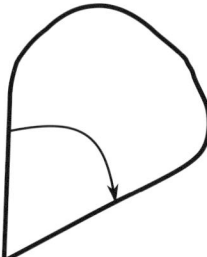

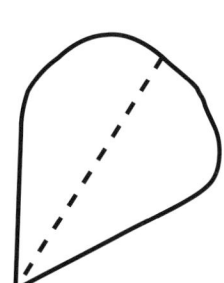

Das wirkt nun erst einmal recht theoretisch. Das Falten als Handlung allerdings soll bei den Schülern das **Verinnerlichen** dieser Theorie unterstützen: Ich falte, also lege ich A und B übereinander. Letztlich ist dies eine geometrische Abbildung, die hier durch eine intuitive Handlung ausgeführt wird. Selbst wenn die Mathematik dahinter nicht sofort von allen Schülern erkannt wird – so wird dennoch Mathematik betrieben. Diese einfache Aufgabe zeigt auch schon das **Differenzierungspotenzial**. So erkennen einige Schüler vielleicht nur, dass A und B übereinanderliegen. Andere sehen, dass die Mittelsenkrechte entsteht, und wiederum andere können dies sogar begründen. Dass dies alles durch eine händische Tätigkeit passiert, soll den Lernprozess weiter unterstützen.

Ziel dieses Buches ist es also, dass die Schüler anhand konkreter, geführter Aufgaben **Zusammenhänge bei Faltfiguren erkennen** und **Begründungen dafür finden**. Darüber hinaus wird die (fachsprachliche) **Kommunikation** der Schüler untereinander unterstützt und gefördert.

Die Stärken des Faltens liegen dabei in der **Handlungsorientierung**, der **Selbstdifferenzierung**, der **Kommunikations- und Argumentationsförderung** und nicht zuletzt darin, dass dabei ganz viel Mathematik betrieben wird.

Vorwort und didaktisch-methodische Hinweise

Das Papierformat

In der Regel haben wir uns bei unseren Faltungen auf das **DIN-A4-Format** bezogen. Die Gründe dafür sind die einfache Verfügbarkeit und der im Vergleich zum Origami-Papier günstige Preis.
Auch mathematisch ist das DIN-A4-Papier durchaus interessant, da es das einzige Format ist, das bei (korrekter) Halbierung das Seitenverhältnis nicht verändert. Aus dieser Bedingung heraus lässt sich herleiten, dass das Seitenverhältnis $\sqrt{2} : 1$ sein muss. Auch der Flächeninhalt eines DIN-A4-Blattes lässt sich leicht bestimmen, wenn man weiß, dass laut DIN-Norm ein DIN-A0-Blatt eine Fläche von $1 m^2$ hat und sich bei jedem nächstkleineren Format der Flächeninhalt halbiert. Diese Betrachtungen werden in der Einheit „Einfach nur falten" (S. 102) genutzt.
An manchen Stellen haben wir aus inhaltlichen Gründen auf **quadratisches Papier** zurückgegriffen, wie z. B. bei „Geraden im Quadrat" (S. 48).
Spielt das Papierformat bzw. die Form des Papiers für die Faltung keine Rolle, so sollte möglichst auf **„unregelmäßige" Formen** zurückgegriffen werden, da sich sonst die Schüler fälschlicherweise an den Seitenrändern orientieren könnten (vgl. auch „Quadrat falten", S. 82).

Verbindung mit dynamischer Geometriesoftware

Eng im Zusammenhang mit Faltungen lässt sich ergänzend auch dynamische Geometriesoftware (DGS) einsetzen. Bekannte Programme sind „GeoGebra", „Cinderella", „Geonext" usw. So kann bspw. das auf S. 4 dargestellte Problem mit einem DGS „nachgebastelt" werden. Eine mögliche Aufgabe könnte dabei lauten: „Konstruiere mithilfe eines DGS die Faltlinie, die entsteht, wenn man die beiden Punkte aufeinanderfaltet". Hier müssten die Schüler zunächst darüber nachdenken, welche Eigenschaften die Faltlinie hat. Auf diese Weise wären sie gezwungen, die Eigenschaften der Mittelsenkrechten zu nutzen und diese in einem DGS umzusetzen. In der Regel gibt es dafür fertige Werkzeuge, ansonsten ermittelt man den Mittelpunkt von A und B und zeichnet dadurch die Senkrechte zur Strecke $\overline{AB}$.

Der Einsatz eines DGS gibt den Schülern die Möglichkeit, den Faltvorgang noch einmal zu verinnerlichen und die Faltung aus einer etwas anderen Perspektive zu betrachten. Wir haben daher zu einigen Einheiten, bei denen sich der Einsatz von DGS aus unserer Sicht lohnt, entsprechende **Tipps und Hinweise auf den Lehrerseiten** notiert und diese mit Screenshots des DGS-Programms „Cinderella" (siehe www.cinderella.de) versehen.

Zum Aufbau des Buches

Das Buch gliedert sich in **fünf Kapitel zu den großen mathematischen Leitideen**, zu denen Sie jeweils verschiedene Falteinheiten finden, die sich alle in **nicht mehr als einer Unterrichtsstunde** bewältigen lassen. Die Falteinheiten gliedern sich wiederum in **erklärende Lehrerseiten** und dazu passende **kopierfertige Arbeitsblätter für die Schüler**.

Lehrerseiten

Auf den Lehrerseiten finden Sie zunächst die Angaben, für welche **Klassenstufe** die Einheit geeignet ist und welche **Materialien** benötigt werden. Im Hinblick auf die Jahrgangsstufen konnten natürlich nicht die Lehrpläne aller Bundesländer beachtet werden – nutzen Sie diese Angabe bitte nur zur Orientierung. Letztendlich liegt es in Ihrem Ermessen, welche Faltung Sie Ihrer Lerngruppe zutrauen.
Anschließend bietet Ihnen jede Lehrerseite ausführliche **didaktische Hinweise** zu der Faltung sowie **methodische Tipps und Lösungen** zu allen Aufgaben der dazugehörigen Arbeitsblätter.

> Neben der allgemeinen Selbstdifferenzierung des Faltens erhalten Sie an einigen Stellen auch ganz **konkrete Differenzierungstipps**, um alle Schüler mit ins (Falt-)Boot zu holen.

Arbeitsblätter

Die Arbeitsblätter sind durch die **Angabe der benötigten Materialien** und die ausführlichen **Schritt-für-Schritt-**

Mathe verstehen durch Papierfalten

Anleitungen und Arbeitsblätter für die Sekundarstufe

Heiko Etzold | Ines Petzschler

Verlag an der Ruhr

Impressum

Titel
Mathe verstehen durch Papierfalten
Anleitungen und Arbeitsblätter für die Sekundarstufe

Autoren
Heiko Etzold, Ines Petzschler

Titelbildmotiv unter Verwendung von
Formeln © Dario Sabljak | Fotolia.com, Geodreieck © Felix Pergande | Fotolia.com

Grafiken und Fotos
Heiko Etzold, Ines Petzschler

Alle Grafiken in diesem Band wurden mithilfe der Programme *Cinderella* und *Inkscape* von den Autoren selbst erstellt.
Bei abweichendem Urheber steht die Bildquelle direkt am Bild.

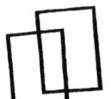

Verlag an der Ruhr
Mülheim an der Ruhr
www.verlagruhr.de

Geeignet für die Klassen 5–13

Unser Beitrag zum Umweltschutz:
Wir sind seit 2008 ein ÖKOPROFIT®-Betrieb und setzen uns damit aktiv für den Umweltschutz ein. Das ÖKOPROFIT®-Projekt unterstützt Betriebe dabei, die Umwelt durch nachhaltiges Wirtschaften zu entlasten. Unsere Produkte sind grundsätzlich auf chlorfrei gebleichtes und nach Umweltschutzstandards zertifiziertes Papier gedruckt.

Urheberrechtlicher Hinweis:
Das Werk und seine Teile sind urheberrechtlich geschützt. Jede Verwendung in anderen als den gesetzlich zugelassenen Fällen bedarf der vorherigen schriftlichen Einwilligung des Verlages. Im Werk vorhandene Kopiervorlagen dürfen vervielfältigt werden, allerdings nur für jeden Schüler der eigenen Klasse/des eigenen Kurses. Die dazu notwendigen Informationen (Buchtitel, Verlag und Autor) haben wir für Sie als Service bereits mit eingedruckt. Diese Angaben dürfen weder verändert noch entfernt werden. Die Weitergabe von Kopiervorlagen oder Kopien (auch von Ihnen veränderte) an Kollegen, Eltern oder Schüler anderer Klassen/Kurse ist nicht gestattet.
Der Verlag untersagt ausdrücklich das Herstellen von digitalen Kopien, das digitale Speichern und Zurverfügungstellen dieser Materialien in Netzwerken (das gilt auch für Intranets von Schulen und sonstigen Bildungseinrichtungen), per E-Mail, Internet oder sonstigen elektronischen Medien außerhalb der gesetzlichen Grenzen. Kein Verleih. Keine gewerbliche Nutzung. Zuwiderhandlungen werden zivil- und strafrechtlich verfolgt.
Bitte beachten Sie die Informationen unter www.schulbuchkopie.de.

Trotz sorgfältiger inhaltlicher Kontrolle kann keine Haftung für die Inhalte externer Seiten, auf die mittels eines Links verwiesen wird, übernommen werden. Für den Inhalt der verlinkten Seiten sind ausschließlich deren Betreiber verantwortlich.

© Verlag an der Ruhr 2014, Nachdruck 2017
ISBN 978-3-8346-2626-4

Printed in Germany

Inhaltsverzeichnis

Vorwort und didaktisch-methodische Hinweise 4
Didaktisch-Methodisches zum Papierfalten...... 4
Zum Aufbau des Buches 6
Allgemeine Tipps....................... 7

Allgemeine Faltanleitungs- und Infokarten 8
Anleitungskarte: Gleichseitiges Dreieck aus einem DIN-A4-Blatt 8
Anleitungskarte: Gleichseitiges Dreieck aus einem quadratischen Blatt.. 9
Anleitungskarte: Senkrechte, Parallele und Quadrat 10
Anleitungskarte: Kreisel.................. 11
Infokarte: Regelmäßige Polyeder....... 12

13 | Leitidee Zahl
Zahlenmuster im Dreieck.................. 14
Brüche im Dreieck 18
Schnittpunkte 21
Exponentielles Wachstum 24
Unendlich viele Brüche 26
Kombinatorik......................... 28

31 | Leitidee Messen
Innenwinkelsatz....................... 32
Mittelwerte falten 34
Volumenbetrachtung.................... 36
Tetraeder 38
Flächeninhalte begründen 42

47 | Leitidee Funktionaler Zusammenhang
Geraden im Quadrat 48
Kurven falten 50
Umkehrfunktion....................... 56
Geradengleichungen 59
Dreidimensionales Koordinatensystem 62

67 | Leitidee Daten und Zufall
Wahrscheinlichkeiten mit dem Flugschreiber ... 68
Kreisel 72
Den Goldenen Schnitt erkunden 76

81 | Leitidee Raum und Form
Quadrat falten........................ 82
Winkel und Figuren 84
Kreisrund 86
Satz des Thales 88
Runde Kurven falten 90
Kongruenz und Ähnlichkeit 93
Regelmäßige Polyeder 96
Tetraeder im Würfel..................... 100
Einfach nur falten...................... 102
Vektoren im Quadrat 106
Vektoren im Viereck..................... 108

Übersichtstabelle: Alle Faltungen auf einem Blick 111

Quellen und Medientipps 112

Vorwort und didaktisch-methodische Hinweise

Liebe Kollegen*,

mit diesen Materialien möchten wir Sie unterstützen, Ihren Schülern ganz im Sinne des **handlungsorientierten, entdeckenden Lernens** neue Zugänge zur Mathematik zu bieten. Die **30 fertig ausgearbeiteten Einheiten zum Papierfalten** zu verschiedensten Themen der **gesamten Sekundarstufe** garantieren Anschaulichkeit, nutzen den Knobel- und Entdeckergeist Ihrer Klassen und ermöglichen es Ihnen, die **Inhalte für die Schüler** im wahrsten Sinne des Wortes **begreifbar** zu machen. Bestimmt machen auch Sie selbst die ein oder andere spannende Entdeckung! Doch bevor Sie mit dem Falten loslegen, möchten wir Ihnen ein paar hilfreiche Hinweise zum Falten allgemein und zum Umgang mit dem Material in diesem Buch sowie einige praktische Tipps zur Umsetzung mit auf den Weg geben.

* Aus Gründen der besseren Lesbarkeit haben wir in diesem Buch durchgehend die männliche Form verwendet. Natürlich sind damit auch immer Frauen und Mädchen gemeint, also Lehrerinnen, Schülerinnen etc.

Didaktisch-Methodisches zum Papierfalten

Zum Falten allgemein

Seit fast 1000 Jahren falten Menschen Papier, um daraus filigrane und immer lebensechter aussehende Figuren herzustellen. Insbesondere in Japan wird die Kunst des Origami geschätzt und hat sich über die ganze Welt bis hin zur mathematischen Forschung verbreitet.

Dass diese **Faltungen auch im Mathematikunterricht** genutzt werden können, ist schon aufgrund der Formenvielfalt äußerst naheliegend. Wir haben uns in diesem Buch jedoch bewusst gegen Origami oder ähnliche an Ästhetik orientierte Faltungen entschieden, da wir den **Prozess des Faltens in seiner ursprünglichen Form und die dahinterstehende Mathematik** elementar betrachten wollen.

So fassen wir das Falten bei den meisten der vorgestellten Einheiten nicht als Mittel zum Zweck (damit etwas Schönes entsteht) auf, sondern als Zweck an sich. In diesem Zusammenhang steht auch die Frage: **Was ist Falten überhaupt?**

Sind auf einem Blatt Papier zwei Punkte gezeichnet und werden diese aufeinandergefaltet, so entsteht als Faltlinie die **Mittelsenkrechte** dieser beiden Punkte (Abb. 1). Doch warum ist das so?

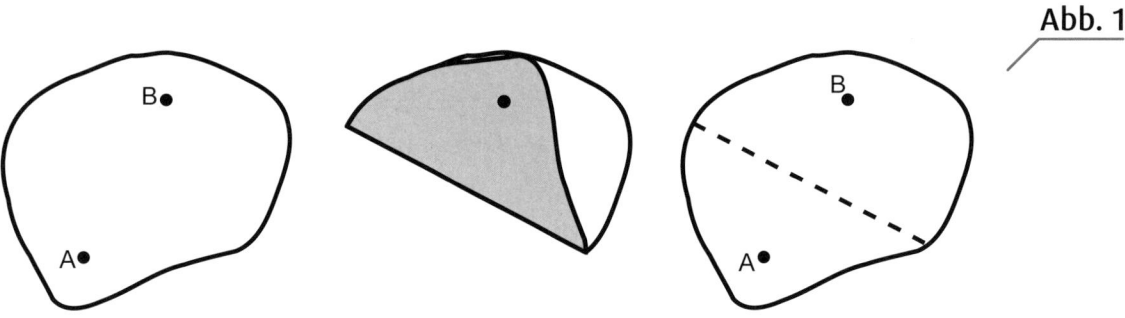

Abb. 1

Mathe verstehen durch Papierfalten

Vorwort und didaktisch-methodische Hinweise

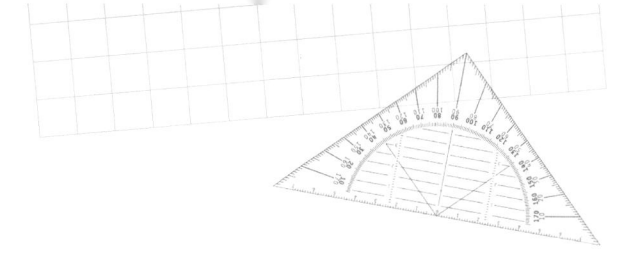

Anleitungen zu jeder Faltung so konzipiert, dass sie von den Schülern gut **selbstständig bearbeitet** werden können. Es bietet sich also auch an, die eine oder andere Faltung als Hausaufgabe aufzugeben oder sie an leistungsstärkere Schüler auszuteilen.

Bei Arbeitsblättern, die aus zwei Seiten bestehen, haben wir darauf geachtet, dass einzelne Aufgaben nicht seitenübergreifend sind. Dies bietet sich ebenfalls zur Differenzierung an, da meist die **Aufgaben der ersten Seite ein wenig leichter** sind als die der zweiten Seite.

Regelmäßig benötigte Faltanleitungen

Einige Faltungen, wie z.B. das gleichseitige Dreieck, das aus einem DIN-A4-Blatt hergestellt wird, tauchen in diesem Buch immer wieder auf. Um nicht immer wieder ein Arbeitsblatt dafür kopieren zu müssen (und da Ihre im Falten geübten Schüler das sicherlich bald auch ohne Anleitung können), gibt es dazu **gesonderte Anleitungskarten** vor den eigentlichen Kapiteln (ab S. 8). Diese können Sie bspw. **laminieren und bei Bedarf im Unterricht wiederverwendbar einsetzen**. Bei den entsprechenden Falteinheiten in den Hauptkapiteln steht die benötigte Anleitungskarte dann in der Materialliste.

Es gibt auch einige Arbeitsblätter, bei denen sich der Einsatz der allgemeinen Anleitungskarten zwar anbietet, dies aber vielleicht von Ihnen gar nicht gewollt ist (z.B. „Quadrat falten", S. 82), weil Ihre Schüler erst einmal selbst überlegen und knobeln sollen. In diesen Fällen sind die Anleitungskarten bewusst nicht als benötigtes Material auf den Arbeitsblättern notiert – auf den Lehrerseiten steht aber selbstverständlich dennoch ein entsprechender Hinweis mit dabei.

Alle Faltungen auf einen Blick

Am Ende des Buches (S. 111) finden Sie schließlich noch einmal eine **Übersichtstabelle**, anhand derer Sie sich schnell einen Überblick über alle Faltungen verschaffen können. Auf einen Blick sehen Sie hier, **welche Falteinheit sich für welche Klassenstufe eignet**, und können so passgenau das richtige Material für Ihre Lerngruppe heraussuchen.

Allgemeine Tipps

Bevor Sie nun mit dem Falten starten, möchten wir Ihnen noch **ein paar praktische Tipps** mit auf den Weg geben, die auf unseren Erfahrungen mit Faltungen im Unterricht basieren und Ihnen sicherlich eine gute Hilfestellung bieten:

▲ Nutzen Sie möglichst **Umweltpapier (leicht gräulich) oder hellblaues Papier zum Falten**. Bei diesem sind die Faltlinien besonders gut zu erkennen. Je dunkler das Papier ist, desto schlechter sieht man auch, ob man die Kanten exakt übereinandergelegt hat, da sich der Schatten schwer vom Papier abhebt. Auch sollte das Papier keine Linien oder Kästchen aufweisen, da die Schüler sich sonst fälschlicherweise daran orientieren.

▲ Die Schüler sollten die **bearbeiteten Arbeitsblätter zusammen mit den Faltungen** (z.B. in einer Klarsichthülle) **in einer Mappe abheften**. So können die Schüler jederzeit nachvollziehen, was sie wie (und warum) gefaltet haben.

▲ Für das bei der einen oder anderen Aufgabe benötigte **quadratische Papierformat** empfehlen wir, **Origami-Papier** zu nutzen. Zwar kann auch recht leicht aus einem DIN-A4-Blatt ein Quadrat erstellt werden, beim Ausschneiden kommt es allerdings immer zu Ungenauigkeiten (sei es von der Lage oder auch der Form der Schnittkante). Bedenken Sie stets: Schon kleinste Unregelmäßigkeiten im Papierformat können sich stark auf die Exaktheit der Faltung auswirken.

Nun wünschen wir Ihnen und Ihren Schülern viel Freude beim Falten und zahlreiche spannende Entdeckungen!

Heiko Etzold
Ines Petzschler

Gleichseitiges Dreieck aus einem DIN-A4-Blatt

(a) (b) (c) (d) (e)

 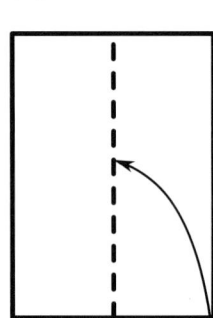 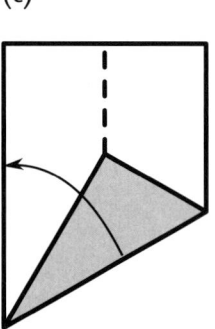 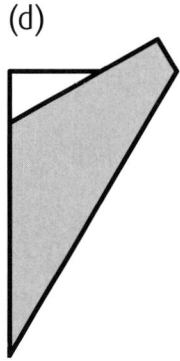 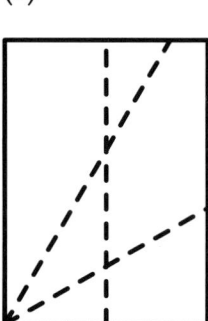

Wiederhole die Schritte (b) bis (d) auch mit der linken Seite.

(f) (g) (h)

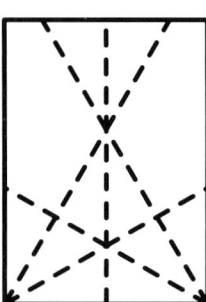 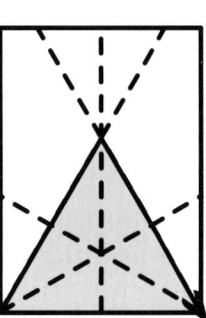 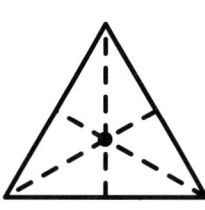

Schneide dann das Dreieck entlang der Faltlinien sorgfältig aus.

(i) (j) (k) (l) (m)

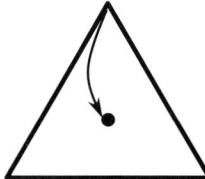   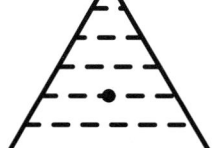

Wiederhole die Schritte (i) bis (m) mit den anderen beiden Ecken des Dreiecks.

(n)

Gleichseitiges Dreieck aus einem quadratischen Blatt

(a)   (b)   (c) 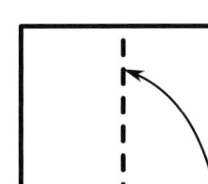 (d) 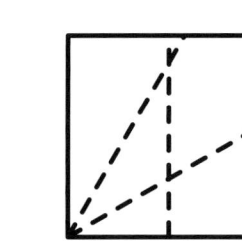 (e)

Wiederhole die Schritte (b) bis (d) auch mit der linken Seite. Schneide dann das Dreieck entlang der Faltlinien sorgfältig aus.

(f) 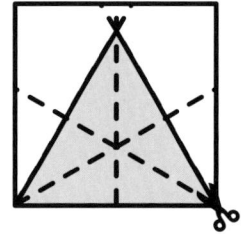 (g)  (h)

© Verlag an der Ruhr | Etzold, Petzschler | ISBN 978-3-8346-2626-4 | www.verlagruhr.de

---

Gleichseitiges Dreieck aus einem quadratischen Blatt

(a)   (b)   (c)  (d)  (e)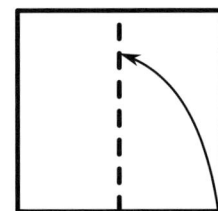

Wiederhole die Schritte (b) bis (d) auch mit der linken Seite. Schneide dann das Dreieck entlang der Faltlinien sorgfältig aus.

(f) 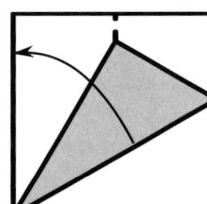 (g) 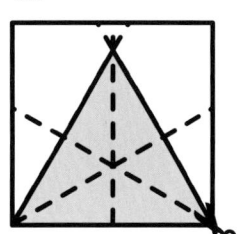 (h)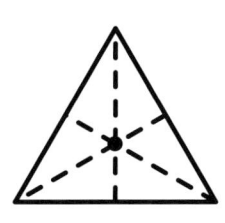

© Verlag an der Ruhr | Autoren: Etzold, Petzschler | ISBN 978-3-8346-2626-4 | www.verlagruhr.de

Mathe verstehen durch Papierfalten

Senkrechte, Parallele und Quadrat

So werden zueinander senkrechte Linien gefaltet

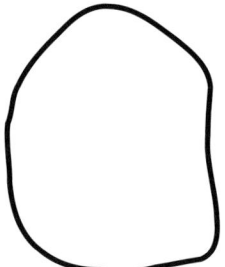 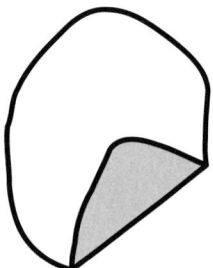 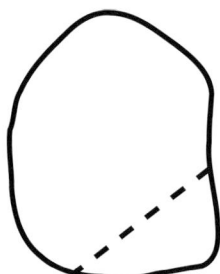 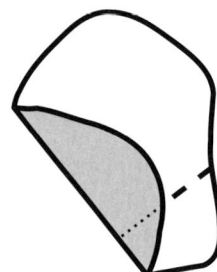 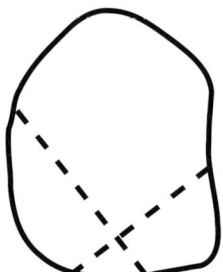

So werden zueinander parallele Linien gefaltet

Sie entstehen als Senkrechte der Senkrechten (s. o.):

  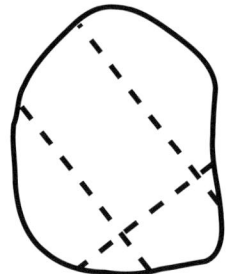

Und so wird ein Quadrat gefaltet

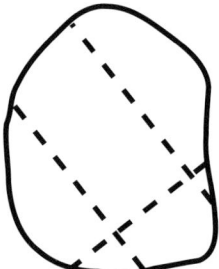 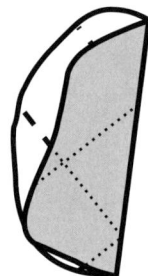 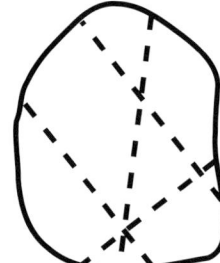 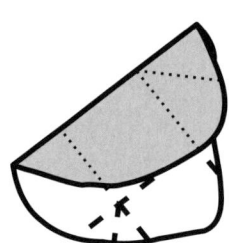 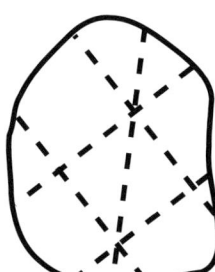

Kreisel

Vorbereitung der einzelnen Teile
Erstes quadratisches Blatt:

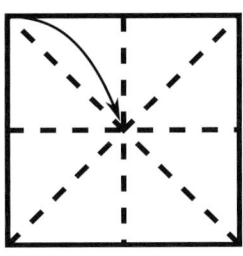 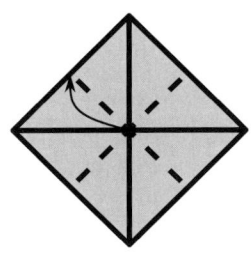 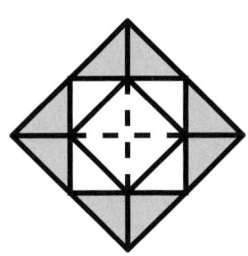 

Zweites quadratisches Blatt:

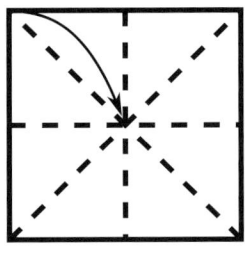 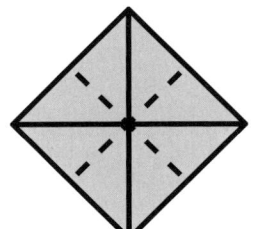 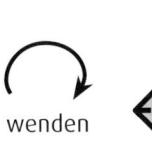 wenden 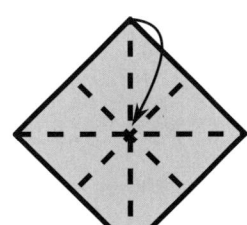  wenden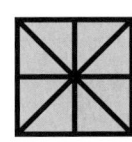

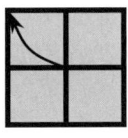 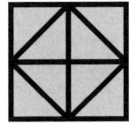 

Drittes quadratisches Blatt:

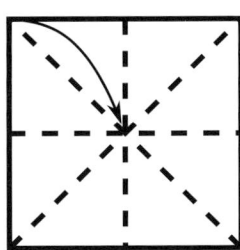 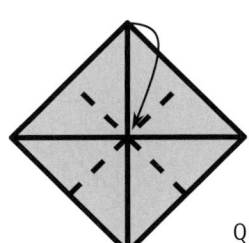    wenden

Quadrat in beide Richtungen diagonal halbieren und wieder aufklappen

Quadrat einmal horizontal und einmal vertikal halbieren und wieder aufklappen

 zu einer Spitze falten →

Fertiger Kreisel
Schiebe nun die drei Teile ineinander:

Regelmäßige Polyeder

Als sich der griechische Philosoph Platon Gedanken über den Aufbau des Universums machte, nutzte er verschiedene Körper zur Beschreibung. Dabei versuchte er, möglichst „ideale" Körper zu verwenden, nämlich regelmäßige Polyeder (griechisch: *poly* = viel; *eder* = Fläche). Einige Jahre später benannte der Mathematiker Euklid diese Körper zu Ehren des großen Philosophen als **„Platonische Körper"**.

Platon (428 – 348 v. Chr.)

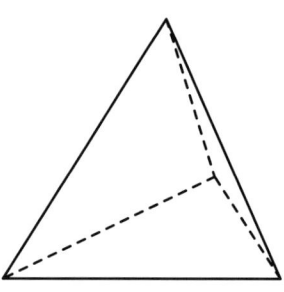

Ein regelmäßiges Polyeder ist ein Körper, dessen Flächen zueinander kongruente regelmäßige Vielecke sind, wobei an jeder Ecke des Körpers gleich viele Flächen zusammenstoßen.

So stoßen bspw. bei einem **Tetraeder** (griechisch *tetra* = vier) an jeder Ecke drei gleichseitige Dreiecke zusammen. Damit besteht der Körper aus insgesamt vier zueinander kongruenten regelmäßigen Dreiecken.

Die weiteren regelmäßigen Polyeder sind:

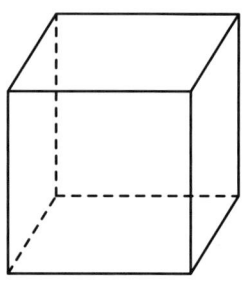 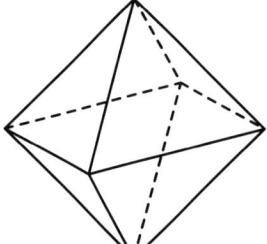 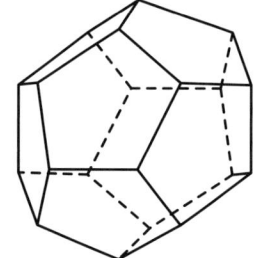 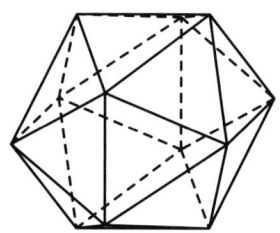

Hexaeder (Würfel)   **Oktaeder**   **Dodekaeder**   **Ikosaeder**

Die Vorsilben der Körperbezeichnungen sind letztlich nur griechische Zahlwörter und geben an, aus wie vielen Flächen der Körper insgesamt besteht (Tabelle rechts).

Es gibt tatsächlich nur diese fünf regelmäßigen Polyeder, was aus der Bedingung folgt, dass an jeder Ecke gleich viele Flächen zusammenstoßen.

Die folgenden Abbildungen stellen dar, wie die Flächen beim jeweiligen Körpernetz aufeinanderstoßen.

Vorsilbe	Zahl
tetra	4
hexa	6
okta	8
dodeka	12
ikosa	20

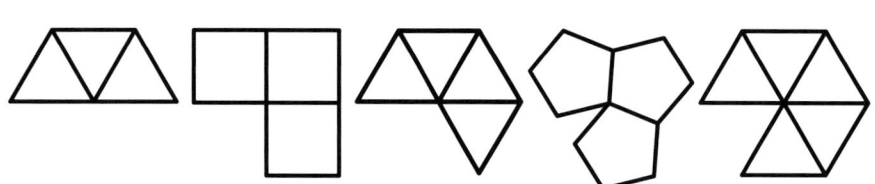

Leitidee

Zahl

$$\frac{5}{3} \quad \frac{3}{2}$$

Zahlenmuster im Dreieck

Klasse: 5/6
Material: DIN-A4-Blätter, farbige Stifte (für Teil II),
Anleitungskarte „Gleichseitiges Dreieck aus einem DIN-A4-Blatt",
Scheren

Didaktische Hinweise

Schon in der Grundschule beschäftigten sich Schüler mit **Zahlenmustern**. Die Zahlenmuster im Dreieck bieten hier einen guten Anknüpfungspunkt, sich spielerisch mit den Grundrechenarten auseinanderzusetzen. Durch das Erkennen von Mustern werden **mathematische Zusammenhänge** genauer untersucht, quasi als Vorstufe zum funktionalen Denken, und durch das Begründen der Muster üben die Schüler intensiv das Kommunizieren und Argumentieren.

Teil I (S. 16)

zu 1. a) Am rechten Rand des Dreiecks stehen die ersten sechs Quadratzahlen. Das liegt daran, dass die ungeraden Zahlen addiert werden. (In der Oberstufe könnte man die Summenformel $\sum_{i=1}^{n}(2i-1) = n^2$ mittels vollständiger Induktion beweisen.)

Lösungen und methodische Tipps

Die zwei Arbeitsblätter (Teil I und II) können von der Klasse arbeitsteilig in zwei Gruppen erledigt werden (dabei ist es auch möglich, dass die Banknachbarn jeweils verschiedene Aufgabenblätter bearbeiten). Im Anschluss ist dann ein Austausch der Gruppen sinnvoll. (⇨ Kasten)

> **Leistungsschwächere Schüler**, die nicht gleich Muster erkennen können, üben hier dennoch die Grundrechenarten.
>
> Für **leistungsstärkere Schüler** kann das Zahlenverständnis bspw. durch die Untersuchung von L-Summen (siehe Lösungen) o. Ä. weiter vertieft werden.

zu 1. b)

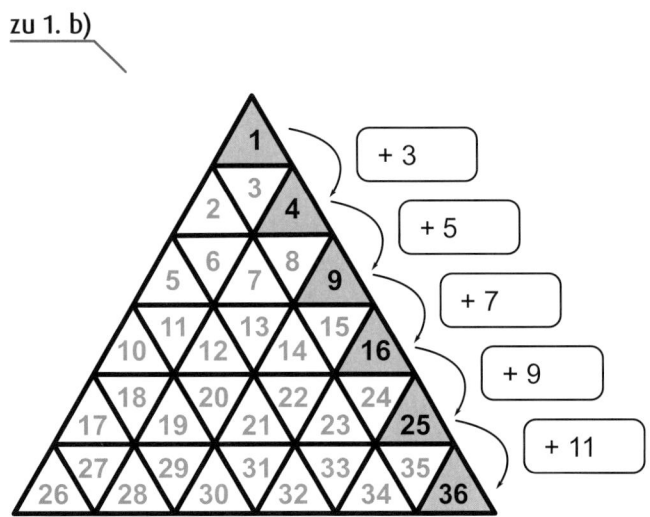

zu 2.

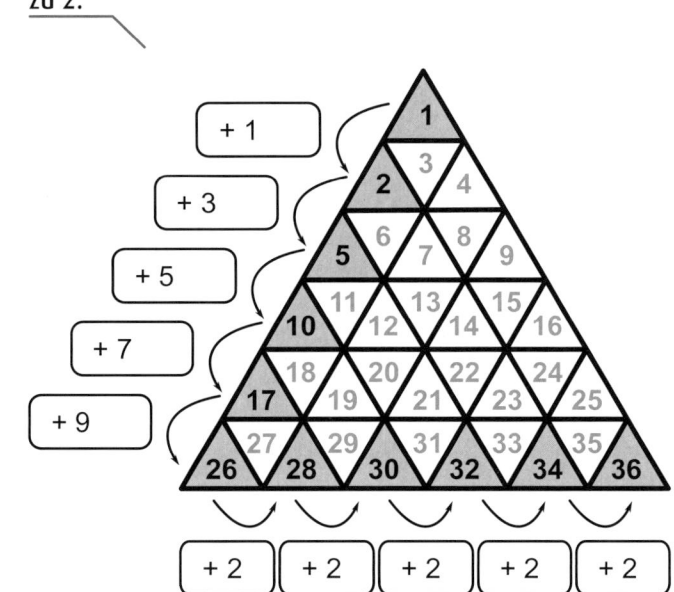

Zahlenmuster im Dreieck

zu 3. Mögliche weitere Zahlenfolgen wären z. B.:

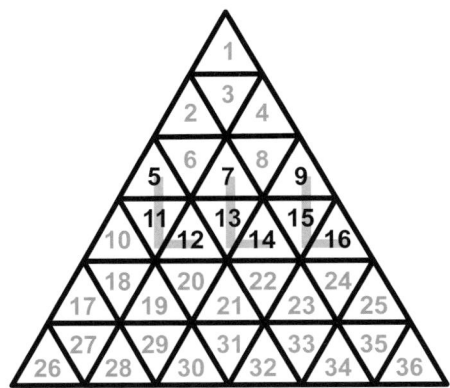

→ Die Differenz benachbarter L-Summen beträgt immer 6.

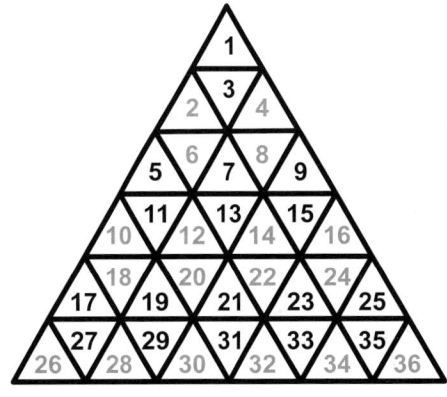

→ Die Differenz untereinanderstehender Zahlen nimmt immer um 2 zu.

Teil II (S. 17)

zu 1. Es entsteht ein Rautenmuster. Da in jeder Zeile eine ungerade Anzahl an Zahlen ist, beginnen und enden die Zeilen abwechselnd mit geraden bzw. ungeraden Zahlen. Daher liegen letztlich alle geraden bzw. ungeraden Zahlen direkt übereinander.

zu 2. a)

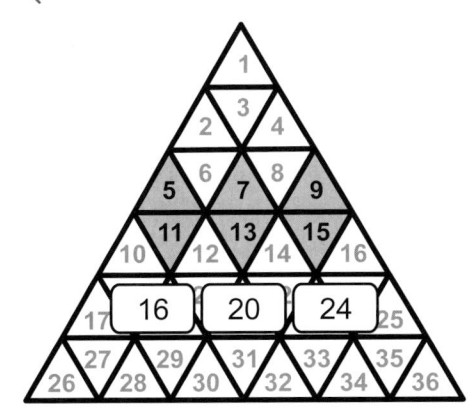

zu 2. b) Die Summen werden jeweils um 4 größer. Das liegt daran, dass sowohl in der oberen als auch in der unteren Zeile die Zahlen jeweils um 2 zunehmen.

zu 3. Die Summe der gegenüberliegenden Zahlen ist konstant: 10 + 20 = 11 + 19 = 12 + 18. Dies ist in jedem Sechseck so.
Begründung: In der oberen und unteren Zeile eines Sechsecks stehen jeweils drei aufeinanderfolgende Zahlen. Hat man zwei gegenüberliegende Zahlen (a + b) und geht oben einen Schritt nach rechts (a + 1), muss man unten einen nach links gehen (b − 1), um zur nächsten gegenüberliegenden Zahl zu gelangen.

Zahlenmuster im Dreieck – Teil I

Das brauchst du:
- ✓ DIN-A4-Blatt
- ✓ Anleitungskarte: „Gleichseitiges Dreieck aus einem DIN-A4-Blatt"
- ✓ Schere

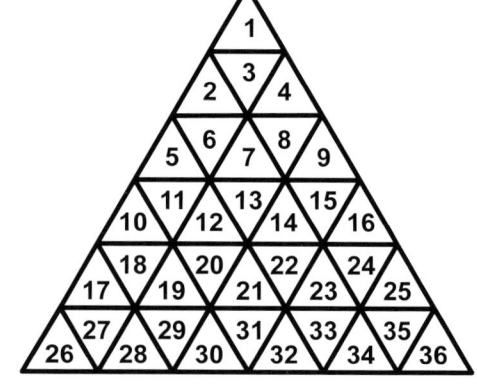

Vorbereitung

Stelle zunächst ein gleichseitiges Dreieck her (Schritte (a) bis (n) auf der Anleitungskarte), ziehe die Faltlinien nach und nummeriere die Felder von 1 bis 36 in der oben dargestellten Reihenfolge.

Aufgaben

1. a) Was fällt dir bei der Zahlenfolge am rechten Rand des Dreiecks auf?

   ....
   ....
   ....
   ....
   ....

   b) Was musst du rechnen, um von einer Zahl zur nächsten zu kommen? Trage ein.

   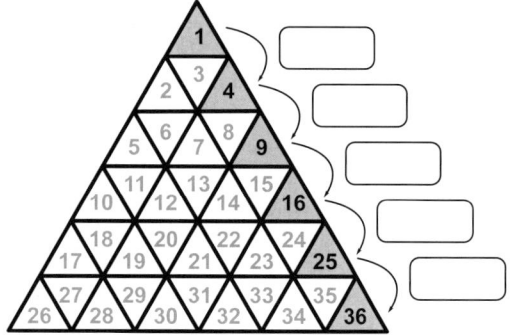

2. Wie entstehen die anderen Randzahlen?

   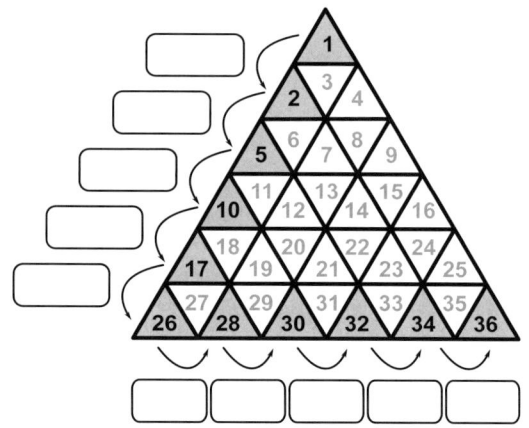

3. Suche weitere Zahlenfolgen in dem Dreieck und notiere, wie sie entstehen!

   • ....
   ....
   ....

   • ....
   ....

   • ....
   ....

Leitidee Zahl

Zahlenmuster im Dreieck – Teil II

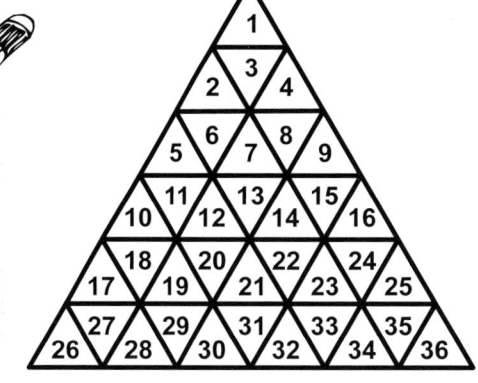

Das brauchst du:
- ✓ DIN-A4-Blatt
- ✓ farbige Stifte
- ✓ *Anleitungskarte:* „Gleichseitiges Dreieck aus einem DIN-A4-Blatt"
- ✓ Schere

Vorbereitung

Stelle zunächst ein gleichseitiges Dreieck her (Schritte (a) bis (n) auf der Anleitungskarte), ziehe die Faltlinien nach und nummeriere die Felder von 1 bis 36 in der oben dargestellten Reihenfolge.

Aufgaben

1. Markiere auf deinem Faltblatt alle geraden Zahlen mit einer Farbe und alle ungeraden mit einer anderen Farbe. Beschreibe das Muster.

   ....

   ....

2. a) Bilde die Summen der untereinanderstehenden Zahlen und trage sie rechts ein.
   b) Welches Muster erkennst du in den Summen? Erkläre, wie es zustande kommt.

   ....

   ....

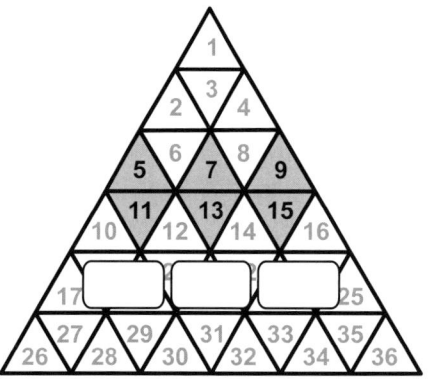

3. a) In dem Dreieck sind viele Sechsecke versteckt. Bilde Summen innerhalb des markierten Sechsecks rechts unten. Fallen dir Muster auf?

   ....

   b) Kannst du dieselben Muster auch in anderen Sechsecken erkennen? Notiere deine Entdeckungen an einem Beispiel.

   ....

   ....

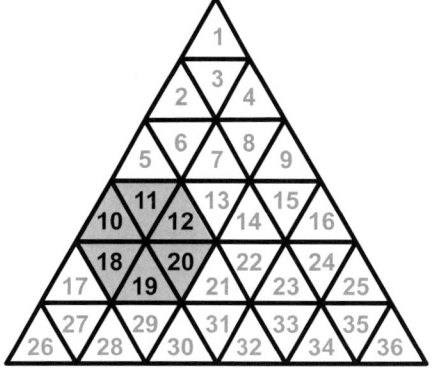

Leitidee Zahl

Brüche im Dreieck

Klasse: 5/6
Material: DIN-A4-Blätter, *Anleitungskarte* „Gleichseitiges Dreieck aus einem DIN-A4-Blatt",
Scheren

Didaktische Hinweise

Brüche begleiten die Schüler während ihrer gesamten Schullaufbahn. Sei es beim Bestimmen von Anteilen, beim Umstellen von Formeln und Termen, beim Lösen von Gleichungen oder beim Berechnen von Wahrscheinlichkeiten – überall ist für einen gesicherten und flexiblen Umgang mit diesen Dingen eine **Grundvorstellung zu Brüchen** nötig.
Bei dieser Falteinheit erstellen die Schüler aus einem gleichseitigen Dreieck gleich große Teile, von denen dann einige gesondert betrachtet werden.

Lösungen und methodische Tipps

zu 1. a) $\frac{3}{4}$ b) $\frac{8}{9}$ c) $\frac{5}{9}$

zu 2. Es entsteht ein Sechseck. Dieses ist regelmäßig, da es aus sechs gleichseitigen Dreiecken besteht.

zu 3. Das Sechseck nimmt $\frac{6}{9} = \frac{2}{3}$ des großen Dreiecks ein (Abb. 1).

zu 4. Es entsteht ein **Dreieck** in einem **Sechseck**. Die innere Figur nimmt $\frac{9}{24} = \frac{3}{8}$ des Sechsecks ein (Abb. 2).

zu 5. Hier sind individuelle Lösungen möglich.

zu 6. Der Stern nimmt $\frac{12}{36} = \frac{1}{3}$ des großen Dreiecks ein.
Abb. 3 und 4 zeigen einmal das aufgefaltete Dreieck, wenn der Stern vorher eingefärbt wurde, und einmal den Stern in das ursprüngliche Dreieck eingezeichnet.

Achtung: Der Stern muss vor dem Einfärben unbedingt gewendet werden, damit alle schraffierten Dreiecke auf einer Seite des großen Dreiecks sind!

Alternative: Es können auch auf der nicht gewendeten Seite des Sterns die drei kleinen Spitzen nach innen gefaltet werden. Das entstandene mittelgroße Dreieck besteht dann aus 9 kleinen Dreiecken. Da diese Figur 4-mal übereinanderliegt, besteht das ursprüngliche Dreieck aus 36 kleinen Dreiecken. Davon entfallen auf den Stern 12 Stück (ein mittelgroßes Dreieck und drei kleine Spitzen), womit er einen Flächenanteil von $\frac{12}{36} = \frac{1}{3}$ am Gesamtdreieck hat.

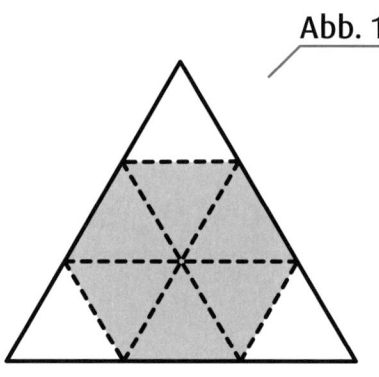
Abb. 1

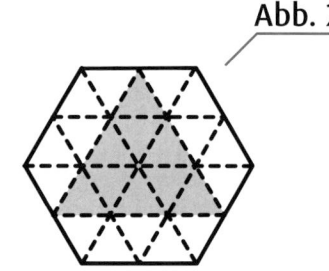
Abb. 2

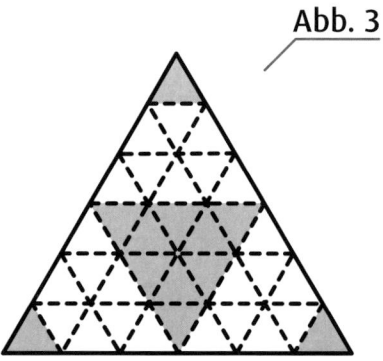
Abb. 3

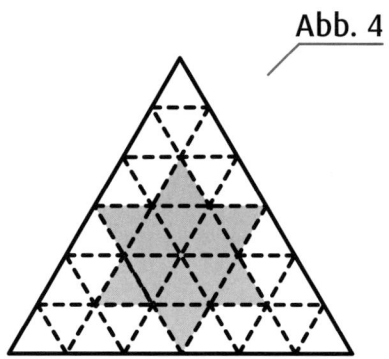
Abb. 4

Mathe verstehen durch Papierfalten

Leitidee Zahl

Brüche im Dreieck (1/2)

Das brauchst du:
- ✓ DIN-A4-Blatt
- ✓ Anleitungskarte: „Gleichseitiges Dreieck aus einem DIN-A4-Blatt"
- ✓ Schere

Vorbereitung

Stelle zunächst ein gleichseitiges Dreieck her (Schritte (a) bis (h) auf der Anleitungskarte).

Aufgaben

1. Du kannst nun mehrere Figuren falten. Kreuze an, welchen Bruch diese darstellen, wenn das große Dreieck ein Ganzes ist.

   ☒ 1   a) ☐ $\frac{1}{2}$ ☐ $\frac{3}{4}$ ☐ $\frac{2}{3}$ b) ☐ $\frac{8}{9}$ ☐ $\frac{1}{5}$ ☐ $\frac{7}{8}$ c) ☐ $\frac{4}{5}$ ☐ $\frac{2}{3}$ ☐ $\frac{5}{9}$

2. Falte dein Dreieck entsprechend der Anleitung rechts. Welche Figur erkennst du? Ist die Figur regelmäßig? Begründe.

   ....
   ....
   ....

3. Bestimme den Anteil, den die Figur von Aufgabe 2 am großen Dreieck hat. Verdeutliche deine Überlegungen an einer Skizze.

   Anteil: ....

4. Wende dein Faltblatt und fülle dann den folgenden Lückentext aus:

   Ich erkenne ein .... in einem ....

   Die innere Figur nimmt .... des Sechsecks ein.

Mathe verstehen durch Papierfalten

Brüche im Dreieck (2/2)

5. Falte selbst verschiedene Figuren aus deinem Faltblatt. Lasse dann deinen Nachbarn angeben, welchen Anteil deine Figur am großen Dreieck hat. Zeichnet eure Figuren auf:

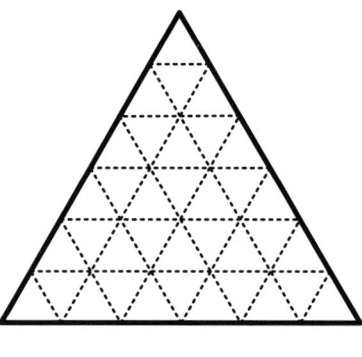 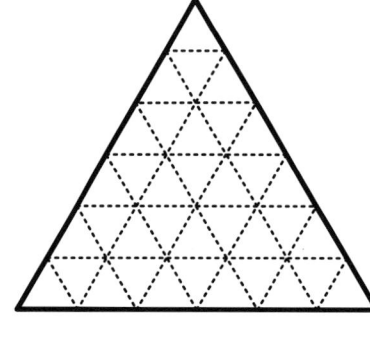 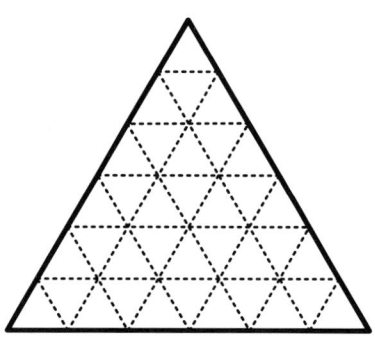

Anteil: ....   Anteil: ....   Anteil: ....

6. Falte entsprechend der folgenden Anleitung einen Stern.

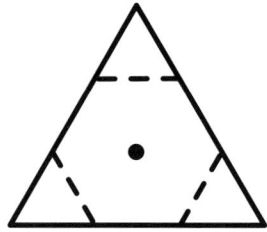 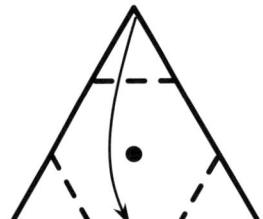 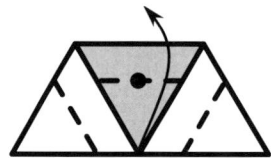 

    schiebe die Laschen untereinander →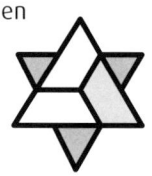

Wende deinen Stern und male die sichtbare Fläche an.
Schätze, welchen Anteil der Stern am großen Dreieck einnimmt. Lasse auch deinen Nachbarn schätzen und überprüft anschließend eure Schätzungen, indem ihr eure Sterne wieder entfaltet.

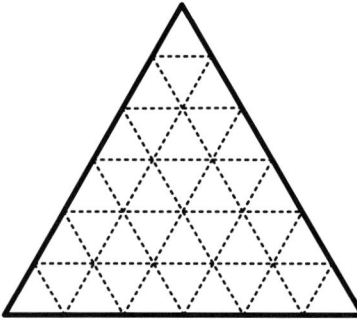

Meine Schätzung: ....

Schätzung meines Nachbarn: ....

überprüfter Anteil: ....

Schnittpunkte

Klasse: 5/6
Material: DIN-A5-Blätter, farbige Stifte

Didaktische Hinweise

Das **Erkennen von Mustern in geometrischen oder algebraischen Zusammenhängen** ist ein Prinzip, das in allen Klassenstufen von Bedeutung ist. Insbesondere in den unteren Klassenstufen sollten dafür vielfältige Anregungen gefunden werden, wofür diese Falteinheit genutzt werden kann.

Lösungen und methodische Tipps

zu 1. a) wahr b) falsch (weil von Strecken die Rede ist) c) wahr

zu 2. a) Hierzu gibt es mehrere Lösungen.
  b) kein Schnittpunkt: 4 Flächen (Geraden liegen parallel zueinander.)
  1 Schnittpunkt: 6 Flächen (Es entsteht ein Geradenbüschel.)
  2 Schnittpunkte: 6 Flächen (Genau zwei der drei Geraden liegen parallel zueinander.)
  3 Schnittpunkte: 7 Flächen (Die Geraden bilden ein Dreieck.)

zu 3. a) Die Tabelle ist unten links dargestellt. (⇨Kasten)
  b) Jede neue Gerade schneidet alle bisherigen. Deshalb kommen immer so viele Schnittpunkte hinzu, wie vorher Geraden vorhanden waren. Jede neue Gerade erzeugt zunächst eine neue Fläche und immer dann, wenn sie eine der alten Geraden schneidet, entsteht eine weitere neue Fläche. Es kommt also immer eine Fläche mehr hinzu, als vorher Geraden vorhanden waren.

> Den Schülern kann freigestellt werden, ob sie Aufgabe 3. a) durch Falten oder Zeichnen lösen. Insbesondere bei fünf Geraden wird es schon schwierig, durch Falten alle Schnittpunkte zu finden. Der Grund hierfür ist, dass **alle** bisher gefalteten Geraden von der einen neuen Gerade geschnitten werden müssen.

zu 4.

Anzahl der Geraden	max. Anzahl der Schnittpunkte	max. Anzahl der Flächen	Anzahl der Geraden	max. Anzahl der Schnittpunkte	max. Anzahl der Flächen
1	0	2	6	15	22
2	1	4	7	21	29
3	3	7	8	28	37
4	6	11	9	36	46
5	10	16	10	45	56

- 6 Geraden: max. **15** SP und max. **22** Flächen
- 7 Geraden: max. **21** SP und max. **29** Flächen
- 10 Geraden: max. **45** SP und max. **56** Flächen
- 9 Geraden: max. **36** SP und max. **46** Flächen

Leitidee Zahl

Schnittpunkte (1/2)

Das brauchst du:
- ✓ mehrere DIN-A5-Blätter
- ✓ farbige Stifte

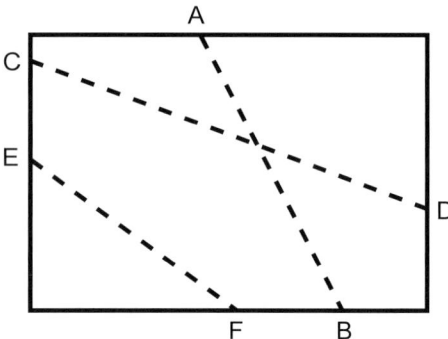

Vorbereitung

Falte drei Geraden entsprechend der rechts stehenden Abbildung.

Aufgaben

1. Wahr oder falsch? Kreuze an:
   a) Die Strecken $\overline{CD}$ und $\overline{EF}$ haben innerhalb des Blattes keinen gemeinsamen Schnittpunkt.   ☐ wahr   ☐ falsch
   b) Die Strecken $\overline{AB}$ und $\overline{CD}$ schneiden sich außerhalb des Blattes.   ☐ wahr   ☐ falsch
   c) Die Geraden CD und EF schneiden sich außerhalb des Blattes.   ☐ wahr   ☐ falsch

2. a) Falte erneut drei beliebige Geraden auf einem Blatt. Wie viele Schnittpunkte haben diese?

   Die Geraden haben .... Schnittpunkte, davon liegen .... innerhalb

   und .... außerhalb des Blattes.

   b) Finde durch erneutes Falten dreier Geraden heraus, ob du mit diesen keinen, einen, 2 oder 3 Schnittpunkte erzeugen kannst. Zeichne deine Lösungen ein und zähle auch die Anzahl der entstehenden Flächen!

   kein Schnittpunkt: .... Flächen   1 Schnittpunkt: .... Flächen

   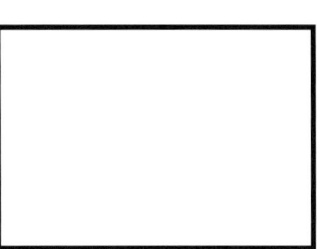   

   2 Schnittpunkte: .... Flächen   3 Schnittpunkte: .... Flächen

Schnittpunkte (2/2)

3. a) Untersuche, wie sich die Anzahl der maximal möglichen Schnittpunkte und Flächen mit der Anzahl der Geraden ändert. Ergänze die Tabelle!

Anzahl der Geraden	max. Anzahl der Schnittpunkte	max. Anzahl der Flächen
1	0	
2		
3		7
4		
5		

Beispiel für 2 Geraden:

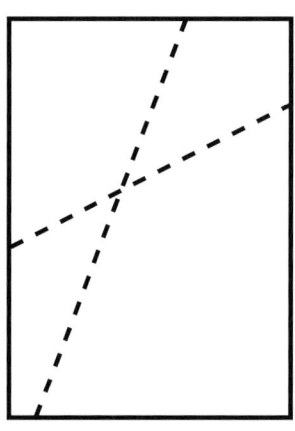

b) Kannst du ein Muster erkennen? Beschreibe es.

....

....

....

4. Setze das Muster fort, ergänze die Tabelle und fülle danach die Lücken unten aus.

Anzahl der Geraden	max. Anzahl der Schnittpunkte	max. Anzahl der Flächen
6		
7		
8		
9		
10		

- Bei 6 Geraden gibt es max. .... Schnittpunkte und max. .... Flächen.
- Bei 10 Geraden gibt es max. .... Schnittpunkte und max. .... Flächen.
- Bei .... Geraden gibt es max. 21 Schnittpunkte und max. .... Flächen.
- Bei .... Geraden gibt es max. .... Schnittpunkte und max. 46 Flächen.

Exponentielles Wachstum

Klasse: 9/10 (oder auch ab 5, s.u.)
Material: DIN-A4-Blätter

Didaktische Hinweise

Diese Falteinheit soll den Schülern anhand des Faltens „bis zum Mond" verdeutlichen, was **exponentielles Wachstum** bedeutet. Durch vorheriges Schätzen kann deutlich gemacht werden, wie stark man sich verschätzt und wie sehr die einzelnen Schülerschätzungen voneinander abweichen. Dies kann gleichzeitig als Motivation zur rechnerischen Überprüfung genutzt werden.

Lösungen und methodische Tipps

Die Idee des „mondsüchtigen Faltens" ist im Prinzip auch bereits in Klassenstufe 5 einsetzbar, da auch dort schon Potenzen behandelt werden. Dabei sollte jedoch stärker geführt vorgegangen werden, da das jeweilige Verdoppeln durch das Falten im Vordergrund steht und nicht das formale Rechnen.

zu 1. Man schafft in der Regel etwa 6 saubere Faltungen.

Die Dicke eines Blattes Papier kann man sich schnell herleiten. Ein Stapel herkömmliches Kopierpapier mit 500 Blatt ist etwa 5 cm hoch, womit man auf eine Papierdicke von 0,1 mm kommt.

Anzahl der Faltungen	0	1	2	3	4	5	...	n
Anzahl der Papierlagen	1	2	4	8	16	32	...	2^n
Dicke des Faltstapels	0,1 mm	0,2 mm	0,4 mm	0,8 mm	1,6 mm	3,2 mm	...	$0,1 \cdot 2^n$ mm

zu 2. Der Mond ist **384 400 km** von der Erde entfernt. Man braucht tatsächlich **42 Faltungen**, um diese Entfernung knapp zu überschreiten.

zu 3. Nach 10 Faltungen hat man **1024** Papierlagen, das kann man auf Tausender runden, also **1000** Papierlagen. Die ursprüngliche Dicke hat sich also ver-**1000**-facht. Nach 10 weiteren Faltungen ver-**1000**-facht sich die Dicke wieder.

Anzahl der Faltungen	0	10	20	30	40	41	42
Gerundete Anzahl der Papierlagen	1	1000	10^6	10^9	10^{12}	$2 \cdot 10^{12}$	$4 \cdot 10^{12}$
Dicke des Faltstapels	0,1 mm	100 mm	100 m	100 km	100 000 km	200 000 km	400 000 km

Mathe verstehen durch Papierfalten

Leitidee Zahl

Exponentielles Wachstum – Mondsüchtig

Das brauchst du:
✓ DIN-A4-Blatt

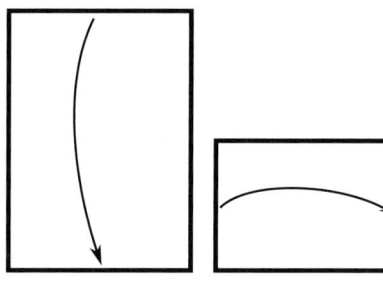

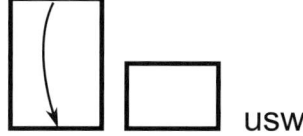 usw.

Vorbereitung

Falte das Papier so oft wie möglich auf die Hälfte seiner jeweiligen Größe.

Aufgaben

1. Ich schaffe es, das Papier ....-mal sauber zu falten. Dabei gilt:

Anzahl der Faltungen	0	1	2	3	4	5	...	n
Anzahl der Papierlagen	1	2						
Dicke des Faltstapels	0,1 mm							

2. Stelle dir vor, du könntest das Papier beliebig oft falten. Schätze, wie viele Faltungen du brauchst, um mit dem Stapel bis zum Mond zu kommen.

   Der Mond ist .... km von der Erde entfernt. Ich schätze, ... Faltungen bis dorthin zu benötigen.
   Überprüfe deine Schätzung mit dem Taschenrechner!

   Man braucht tatsächlich .... Faltungen.

3. **Es geht aber alles viel einfacher:**

   Nach 10 Faltungen hat man .... Papierlagen, das kann man auf Tausender runden,

   also .... Papierlagen. Die ursprüngliche Dicke hat sich also ver-.................-facht.

   Nach 10 weiteren Faltungen ver-.................-facht sich die Dicke wieder.

   Damit erhält man ganz schnell:

Anzahl der Faltungen	0	10	20	30	40	41	42
Gerundete Anzahl der Papierlagen	1						
Dicke des Faltstapels	0,1 mm						

Unendlich viele Brüche

Klasse: 9/10
Material: DIN-A4-Blätter, farbige Stifte

Didaktische Hinweise

Bei Bewerbungstests treten nicht selten Zahlenfolgen auf, bei denen die Bewerber zu vorgegebenen Zahlen Muster erkennen und diese fortsetzen müssen. Dies fällt vielen Schülern schwer, zumal ihnen eine konkrete Anwendung zu den Zahlenfolgen oft fehlt.

Mit dieser Falteinheit soll eine Motivation gefunden werden, **Zahlenfolgen und deren Grenzwerte sowie Grenzwerte von Reihen** auf anschauliche Weise zu betrachten.

Lösungen und methodische Tipps

zu 1. Die Abbildung rechts zeigt eine mögliche Darstellung. Aus Platzgründen ist hier nur der Ansatz dargestellt, die Darstellung der Schüler müsste dann mindestens noch den Bruch $\frac{1}{1024}$ zeigen.

zu 2.

Anzahl der Faltungen	0	1	2	3	4	5	...	n
Anteil der Fläche am Gesamtblatt	1	$\frac{1}{2}$	$\frac{1}{4}$	$\frac{1}{8}$	$\frac{1}{16}$	$\frac{1}{32}$	...	$\frac{1}{2^n}$

Die Brüche entstehen durch wiederholtes Halbieren. Dies entspricht auch der Falthandlung, bei der das Blatt immer wieder halbiert wird. Dieses Beispiel bietet sich demnach an, den Unterschied zwischen rekursiver und expliziter Darstellung von Zahlenfolgen zu behandeln und die jeweiligen Vor- und Nachteile zu besprechen. (⇨Kasten)

zu 3. Wenn n immer größer wird, wird die n-te Fläche immer **kleiner**. Nähert sich n sogar unendlich an ($n \to \infty$), dann nähert sich die Größe der Fläche **0** an.

zu 4. $\frac{1}{2} + \frac{1}{4} + \frac{1}{8} + \frac{1}{16} + \ldots = 1$
Diese Summe „sieht" man schon, wenn man die einzelnen Flächen addiert und mit diesen das gesamte A4-Blatt ausfüllt. (⇨Kasten)

Leistungsstärkere Schüler könnten auch die harmonische Reihe $\frac{1}{2} + \frac{1}{3} + \frac{1}{4} + \frac{1}{5} + \ldots$ untersuchen, die keinen Grenzwert besitzt, sondern bis ins Unendliche steigt.

Ebenso lassen sich die Punkte, die jedem Faltschritt den Flächenanteil zuordnen, auch als Graph darstellen (sei es als Zusatzaufgabe für leistungsstärkere Schüler oder als Hilfe für visuelle Lerner). Dabei muss allerdings darauf geachtet werden, dass es sich um einen Definitionsbereich mit natürlichen Zahlen handelt, weshalb die Punkte nicht miteinander verbunden werden dürfen.

Leitidee Zahl

Unendlich viele Brüche

Das brauchst du:
- ✓ DIN-A4-Blatt
- ✓ farbige Stifte

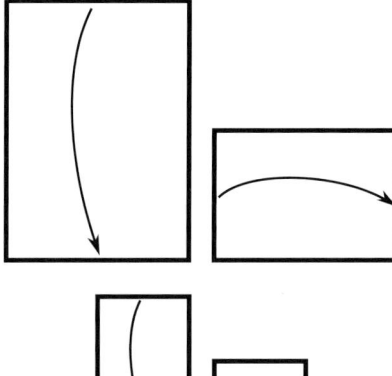

usw.

Vorbereitung

Falte das Papier zunächst so oft wie möglich auf die Hälfte seiner jeweiligen Größe und falte es danach wieder auf.

Aufgaben

1. Färbe die in jedem Schritt entstandenen Flächen in unterschiedlichen Farben ein und notiere den Anteil, den diese am Gesamtblatt haben, als Bruch.
   Flächen, die du nicht mehr falten konntest, zeichnest du einfach ein, sodass du am Ende mindestens zehn verschiedene Flächen markiert hast.

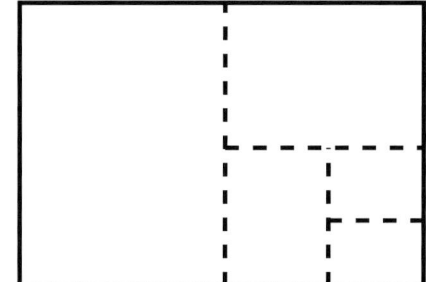

2. Fülle die Tabelle aus und formuliere in eigenen Worten eine Regel, wie die Brüche jeweils aus ihrem Vorgängerbruch entstehen. Wie passt das zu deinem Faltvorgang aus Aufgabe 1?

Anzahl der Faltungen	0	1	2	3	4	5	...	n
Anteil der Fläche am Gesamtblatt	1	$\frac{1}{2}$						

....

....

3. Fülle die Lücken:
   Wenn n immer größer wird, wird die n-te Fläche immer .... Nähert sich n sogar unendlich an (n → ∞), dann nähert sich die Größe der Fläche .... an.

4. Welches Ergebnis erhält man wohl, wenn man die Summe $\frac{1}{2} + \frac{1}{4} + \frac{1}{8} + \frac{1}{16} + ...$ bildet? Veranschauliche dir die Rechnung mit deinem Faltblatt.

$$\frac{1}{2} + \frac{1}{4} + \frac{1}{8} + \frac{1}{16} + ... = \text{............}$$

Begründung: ....

Überprüfe das Ergebnis (evtl. näherungsweise) mit dem Taschenrechner.

Kombinatorik

Klasse: 5–8
Material: quadratische Blätter, Schere,
Anleitungskarte „Gleichseitiges Dreieck aus einem quadratischen Blatt"

Didaktische Hinweise

Diese Falteinheit zur **Kombinatorik** eignet sich auch propädeutisch zur **Einführung des Baumdiagramms**. Dabei muss nicht mit Wahrscheinlichkeiten gearbeitet werden, sondern das Baumdiagramm ist ausschließlich eine Darstellungsmöglichkeit, systematisch Anzahlen zu bestimmen.

Lösungen und methodische Tipps

zu 1. Es lassen sich maximal 12 verschiedene Figuren erzeugen.

zu 2. Das Baumdiagramm zeigt, wie man schnell auf 4 · 3 = 12 Kombinationsmöglichkeiten kommt.

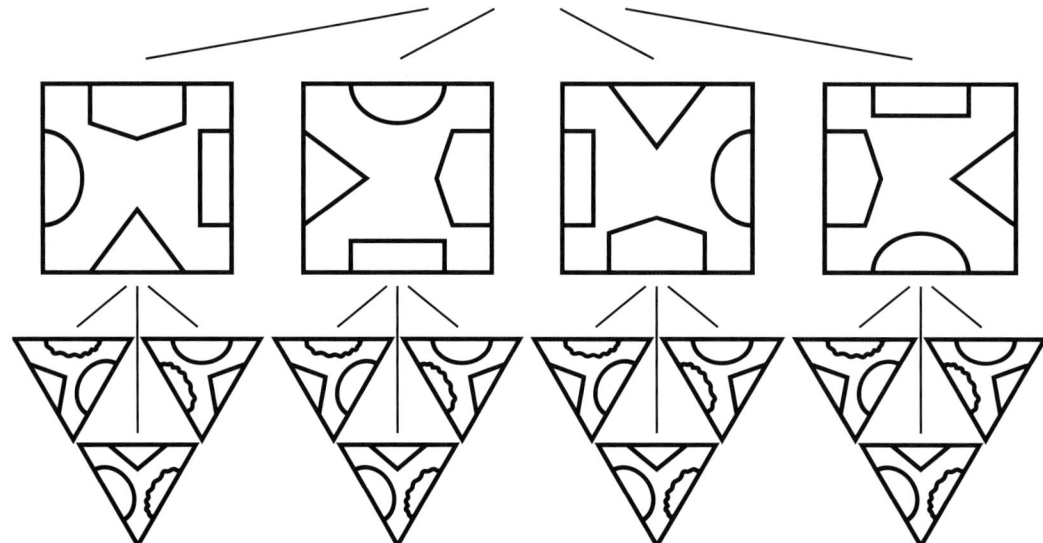

zu 3. Es sind 16 Kombinationen möglich, denn jede Figur vom ersten Quadrat ist mit jeder Figur des zweiten Quadrats kombinierbar. Es gibt also 4 · 4 = 16 Möglichkeiten.

zu 4. Es gibt 6 verschiedene Kombinationen.
Man kann nicht wie bei Aufgabe 3 vorgehen, da jetzt die Teilfiguren doppelt vorkommen. (⇨ Kasten)

zu 5. Mit einem Baumdiagramm findet man 3 · 4 · 4 = 48 Kombinationen. Hier bietet es sich an, das Baumdiagramm nur anzudeuten, sodass das Prinzip erkannt werden kann.

Zur Differenzierung bietet es sich hier an, die Anzahl der Kombinationen auch bei verschiedenfarbigen Blättern zu untersuchen (hier entstehen dann also doch 3 · 3 = 9 Möglichkeiten).

Mathe verstehen durch Papierfalten

Kombinatorik (1/2)

Das brauchst du:
- ✓ 3 quadratische Blätter
- ✓ *Anleitungskarte:* „Gleichseitiges Dreieck aus einem quadratischen Blatt"
- ✓ Schere

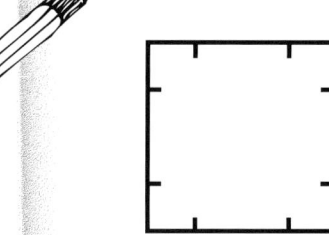
Abb. 1

Vorbereitung

Falte zunächst ein gleichseitiges Dreieck und schneide es aus. Markiere bei Dreieck und Quadrat durch Falten die Viertel der Seitenkanten (Abbildung 1).
Zeichne dann die Figuren entsprechend der Abbildung 2 ein.

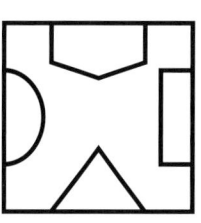

Abb. 2

Aufgaben

1. Setze Dreieck und Quadrat so zusammen, dass verschiedene Figuren entstehen, z. B. die in Abbildung 3.
   Wie viele verschiedene Figuren kannst du legen?

   Ich finde .... verschiedene Figuren.

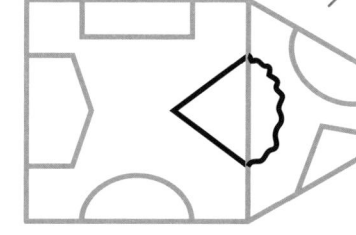
Abb. 3

2. Du kannst die Anzahl der Figuren auch systematisch erkunden. Ergänze dazu die Übersicht:

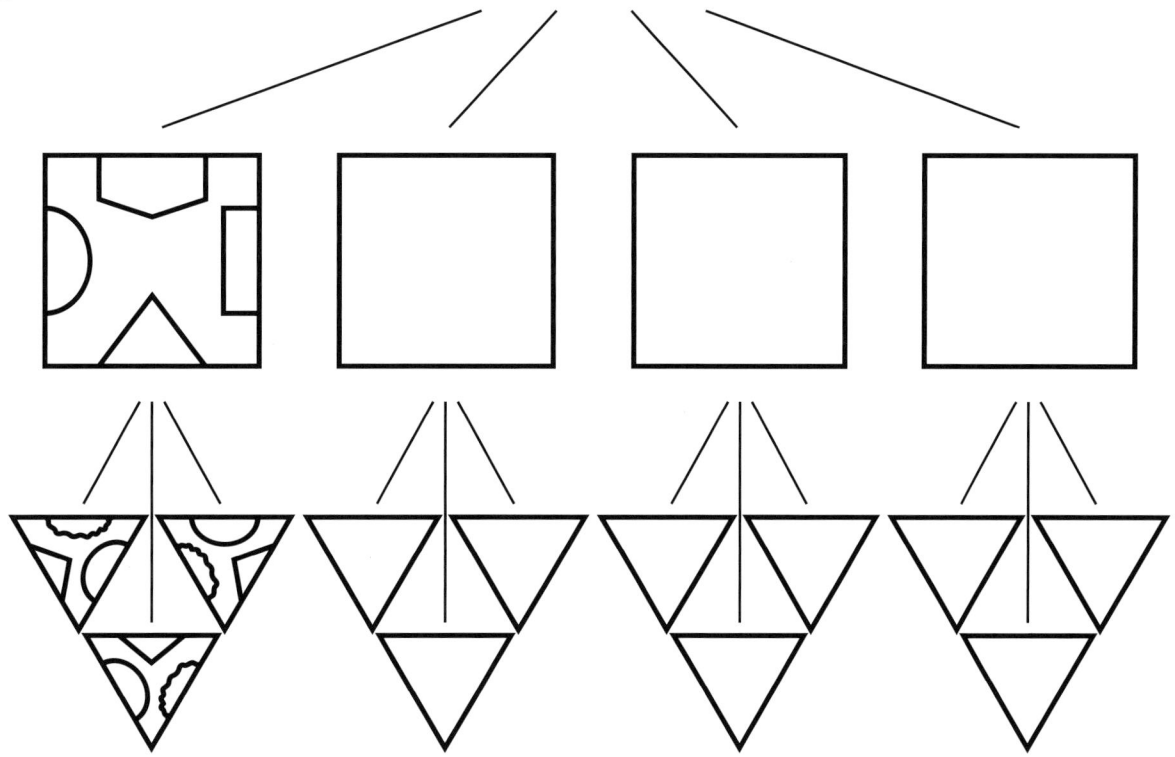

Leitidee Zahl

Mathe verstehen durch Papierfalten

Kombinatorik (2/2)

3. Stelle ein weiteres Quadrat mit den in der rechts stehenden Abbildung dargestellten Bildern her (die wiederum jeweils die Hälfte der Seitenlänge abdecken).

   Wie viele Kombinationen sind jetzt möglich, wenn du die beiden Quadrate kombinierst? Begründe.

   Es sind .... Kombinationen möglich, denn ....

   ....

   ....

4. Arbeite mit deinem Nachbarn zusammen. Wie viele verschiedene Kombinationen findet ihr, wenn ihr eure beiden Dreiecke kombiniert?

   Wir finden .... verschiedene Kombinationen.

   Wieso könnt ihr beim Zählen nicht genauso wie bei Aufgabe 3 vorgehen?

   ....

5. Lege dein Dreieck und die beiden Quadrate nun wie unten abgebildet nebeneinander, wobei das Quadrat aus Aufgabe 3 ganz rechts liegen soll.
   Wie viele Kombinationen sind insgesamt möglich? Versuche, eine Systematik wie bei Aufgabe 2 zu finden!

   Es sind .... Kombinationen möglich.

Leitidee

Messen

Innenwinkelsatz

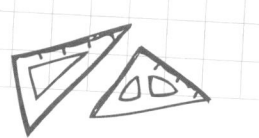

Leitidee Messen

Klasse: 5/6
Material: DIN-A5-Blätter, farbige Stifte, Scheren

Didaktische Hinweise

Der **Innenwinkelsatz** spielt eine bedeutende Rolle für die gesamte Schulgeometrie bis hin zur Oberstufe. Daher ist es nur gerechtfertigt, diesen im Unterricht ausführlich zu behandeln und ihn dabei möglichst von den Schülern selbst entdecken zu lassen.
Dies kann durch verschiedene Zugangsweisen und diverse Beweisideen erreicht werden, wofür diese Falteinheit Unterstützung bietet. Auch sind Erkundungen mit einem dynamischen Geometriesystem möglich, um die Universalität des Satzes hervorzuheben.

Lösungen und methodische Tipps

zu 1. Die verschiedenen Farben und eine großflächige Markierung der Winkel sollen hier die Schüler stärker darauf hinweisen, den gestreckten Winkel zu erkennen.

zu 2. Es entsteht ein **gestreckter Winkel** mit $\alpha + \beta + \gamma = 180°$.

zu 3. Wenn die Schüler sauber gearbeitet haben bzw. ihre Faltungen entsprechend interpretieren, kommen alle immer auf 180°.

zu 4. Der Satz könnte z. B. lauten: „In jedem Dreieck beträgt die Summe der Innenwinkel 180°."

Alternative Herangehensweisen an den Innenwinkelsatz bieten die beiden folgenden Möglichkeiten:

- zwei Ecken abreißen und um die dritte Ecke legen:
- drei zueinander kongruente Dreiecke aneinanderlegen:

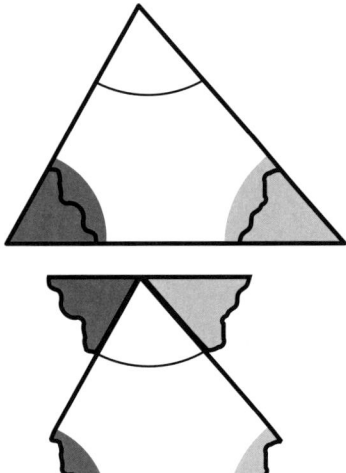
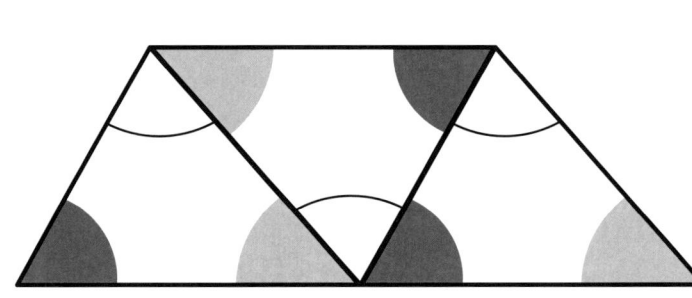

Mathe verstehen durch Papierfalten

Leitidee Messen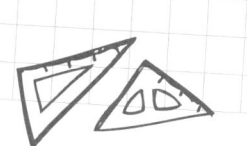

Innenwinkelsatz

Das brauchst du:
- ✓ DIN-A5-Blatt
- ✓ farbige Stifte
- ✓ Schere

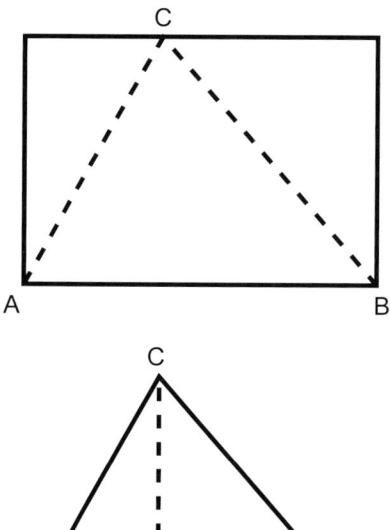

Vorbereitung

Lege das Blatt im Querformat vor dich hin. Die linke und rechte untere Ecke sind die Punkte A und B. Bezeichne an der oberen Kante des Blattes einen beliebigen Punkt C und schneide das Dreieck ABC aus. Markiere und beschrifte auf der Rückseite des Blattes die drei Innenwinkel des Dreiecks in verschiedenen Farben.

Die Seite $\overline{AB}$ ist die Grundseite des Dreiecks. Falte zur Grundseite diejenige Senkrechte, die durch C verläuft. Der Schnittpunkt mit der Grundseite heißt F.

Aufgaben

1. Falte alle drei Ecken so auf F, dass du die markierten Winkel noch siehst.

2. a) Die Winkel α, β und γ ergeben einen zusammengesetzten Winkel. Um welche Winkelart handelt es sich? Kreuze an.

   ☐ spitzer Winkel   ☐ rechter Winkel   ☐ gestreckter Winkel   ☐ überstumpfer Winkel

   b) Wie groß ist demzufolge der zusammengesetzte Winkel?   α + β + γ = ...

3. Vergleiche dein Ergebnis mit denen deiner Mitschüler. Was stellt ihr fest?

   ....

   Findet ihr ein Dreieck in eurer Klasse, bei dem man eine andere Summer erhält, wenn man α + β + γ rechnet?

   ....

4. Fasst eure Ergebnisse in einem Satz zusammen:

   In jedem Dreieck ....

   ....

   Diesen Satz nennt man **Innenwinkelsatz für Dreiecke**.

Mittelwerte falten

Leitidee Messen

Klasse: 5–8
Material: DIN-A4-Blätter, Scheren

Didaktische Hinweise

Dieses Arbeitsblatt veranschaulicht den Begriff **Mittel**wert, da durch Faltung genau die Mitte zweier Zahlen bestimmt wird.
Ganz allgemein kann diese Faltung den Schülern auch ein **Hilfsmittel beim Rechnen mit ganzen Zahlen** liefern, sodass sie immer einen handlichen Zahlenstrahl zur Verfügung haben.

Lösungen und methodische Tipps

zu 1. Der Mittelwert $\bar{x}$ der Zahlen a und b ist definiert als $\bar{x} = \frac{a+b}{2}$.

zu 2. a) Die Faltlinie entsteht bei der Zahl –1.
  b) Es entsteht auf diese Weise der Mittelwert, da eben genau die Mitte gefaltet wird.

zu 3.

1. Zahl	2. Zahl	Mittelwert
–6	2	–2
0	4	2
–7	–3	–5
–5	2	–1,5

1. Zahl	2. Zahl	Mittelwert
–3	1	–1
7	1	4
2	4	3
1	5	3

zu 4. Ist der Abstand der beiden Zahlen gerade, so ist der Mittelwert eine ganze Zahl.

zu 5. Es könnte die 1. Zahl um 2 nach rechts verschoben werden. Es kann auch die 2. Zahl um 2 nach rechts verschoben werden. Eine weitere Möglichkeit ist, beide Zahlen jeweils um 1 nach rechts zu verschieben. Allgemein muss gelten: Die Summe der Verschiebungen beider Zahlen muss 2 nach rechts betragen, da somit im Mittel um 1 nach rechts verschoben wurde.

Der gefaltete Zahlenstrahl bietet zusätzlich die Möglichkeit, sich entgegengesetzte Zahlen zu veranschaulichen, indem Zahlen an 0 gespiegelt werden. Dies kann durch eine Faltung bei 0 durchgeführt werden. In dem Zusammenhang kann auch erkannt werden, dass die Beträge einer Zahl und ihrer entgegengesetzten Zahl gleich sind. Sie haben denselben Abstand zur 0, was bei Übereinanderfaltung gut zu erkennen ist. (⇨ Kasten)

Eine Weiterführung wäre an dieser Stelle das Subtrahieren von Zahlen mit zwei Zahlenstrahlen. Die Aufgabe 5 – 3 = ? wird dann wie in der Abbildung dargestellt. Das Ergebnis „2" kann am oberen Zahlenstrahl über der 0 des unteren Zahlenstrahls abgelesen werden. Leistungsstarke Schüler könnten diese Regel auch begründen.

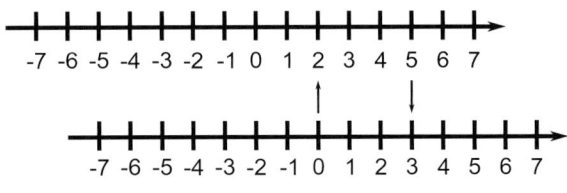

Mathe verstehen durch Papierfalten

Mittelwerte falten

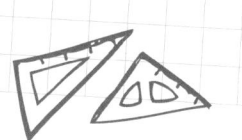

Leitidee Messen

Das brauchst du:
- ✓ DIN-A4-Blatt
- ✓ Schere

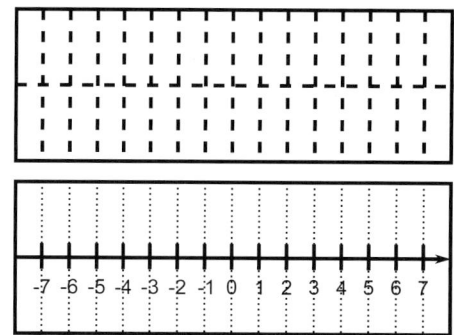

Vorbereitung

Halbiere das A4-Blatt zu einem schmalen Streifen. Falte diesen anschließend der Länge nach in 16 gleich große Abschnitte und der Höhe nach in 2 gleich große Abschnitte. Beschrifte den so entstandenen Zahlenstrahl entsprechend der unteren Abbildung.

Aufgaben

1. Was verstehst du unter dem Mittelwert zweier Zahlen? Erkläre an einem Beispiel.

   ....

2. a) Falte in deinem Zahlenstrahl die Zahl −5 auf die Zahl 3. An welcher Stelle des Zahlenstrahls entsteht dabei die Faltlinie?

   Die Faltlinie entsteht bei der Zahl ....

   b) Begründe, dass du durch diese Faltung auf den Mittelwert der Zahlen −5 und 3 kommst.

   ....

3. Ergänze die Tabellen. Finde die Lösungen dabei nur durch Falten!

1. Zahl	2. Zahl	Mittelwert
−6	2	
0	4	
−7	−3	
−5	2	

1. Zahl	2. Zahl	Mittelwert
−3		−1
	1	4
		3
		3

4. Finde durch Probieren heraus, was für die 1. und 2. Zahl gelten muss, damit der Mittelwert eine ganze Zahl ist. Formuliere eine Regel.

   ....

   ....

5. Markiere auf deinem Zahlenstrahl zwei Zahlen, deren Mittelwert 1 ist. Wie kannst du diese beiden Zahlen (oder eine von ihnen) verändern, sodass der neue Mittelwert 2 ist? Gib mindestens zwei Möglichkeiten an.

   .... oder ....

Volumenbetrachtung

Klasse: 9/10
Material: DIN-A4-Blätter, Klebeband

Didaktische Hinweise

Mit dieser Falteinheit wird einerseits das **Umformen von Volumen- und Flächenformeln für Zylinder und Kreis** trainiert, andererseits aber auch die **Abhängigkeit von Radius und Höhe** bewusst gemacht. Häufig auftretenden Fehlvorstellungen, dass das Volumen mit dem Oberflächeninhalt in Verbindung gebracht wird (und somit die Volumina als gleich angenommen werden), kann mit diesem Arbeitsblatt entgegengewirkt werden.

Lösungen und methodische Tipps

zu 1. Man kann das Blatt von der schmalen Seite her oder von der langen Seite her zusammenrollen.
Das Verhindern des Überlappens ist wichtig, da sonst Ungenauigkeiten beim Messen entstehen.

zu 2. und 3. Es gilt $V_{\text{groß und schmal}} < V_{\text{klein und breit}}$.

Experimentell lässt sich dies überprüfen, wenn man die Zylinder füllt, z. B. mit Popcorn oder Reiskörnern. Natürlich wird das Ergebnis umso genauer, je kleiner die Füllkörper sind. Popcorn bietet sich im Unterricht allerdings gut an, weil es im Anschluss gleich gemeinsam gegessen werden kann.
Füllt man erst den großen, schmalen Zylinder, stellt den kleinen, breiten drum herum und zieht dann den großen Zylinder heraus, so sieht man eindrucksvoll, dass das Volumen des schmalen Zylinders deutlich kleiner ist.

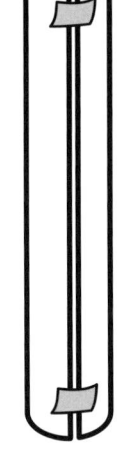

zu 4. $r = \frac{u}{2\pi}$, $A = \pi r^2 = \pi(\frac{u}{2\pi})^2 = \frac{u^2}{4\pi}$, $V = A \cdot h = \frac{u^2}{4\pi} h$

$V_{\text{groß und schmal}}$: $u = 21\,\text{cm}$; $h = 29{,}7\,\text{cm}$

$V_{\text{groß und schmal}} = 1042\,\text{cm}^3$

$V_{\text{klein und breit}}$: $u = 29{,}7\,\text{cm}$; $h = 21\,\text{cm}$

$V_{\text{klein und breit}} = 1474\,\text{cm}^3$

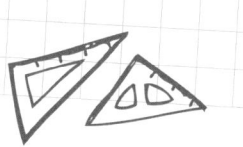

Volumenbetrachtung

Das brauchst du:
- ✓ 2 DIN-A4-Blätter
- ✓ Klebeband

Aufgaben

1. Aus einem A4-Blatt soll ein Zylinder gerollt werden. Welche Möglichkeiten gibt es dafür? Skizziere.

   Stelle gemeinsam mit deinem Nachbarn die beiden Zylinder her. Die Kanten klebt ihr mit Klebeband aneinander. Achtet darauf, dass sich die Kanten nicht überlappen!

2. Vergleicht durch eine Schätzung die Volumina der beiden Zylinder.
   Welcher Zylinder hat das größere Volumen? Kennzeichne durch > oder <.

   $V_{\text{groß und schmal}}$ .... $V_{\text{klein und breit}}$

3. Überprüft eure Vermutung experimentell. Beschreibt euer Vorgehen.

   ....
   ....
   ....
   ....

   Kreuzt an: Unsere Vermutung war   ☐ richtig   ☐ falsch

4. Ein DIN-A4-Blatt hat die Kantenlängen 21 cm und 29,7 cm.
   Bestimmt für beide Zylinder die Volumina.

   $V_{\text{groß und schmal}}$: $V_{\text{klein und breit}}$:

Tetraeder

Klasse: 9/10
Material: DIN-A4-Blätter, *Anleitungskarte* „Gleichseitiges Dreieck aus einem DIN-A4-Blatt", farbige Stifte, Scheren

Didaktische Hinweise

Betrachtungen am **Tetraeder** schulen einerseits das räumliche Vorstellungsvermögen, andererseits bieten sie auch Anlass, den **Satz des Pythagoras** an Objekten anzuwenden, welche nicht offensichtlich rechtwinklig sind. So müssen Hilfslinien gefunden werden, um rechtwinklige Dreiecke zu erzeugen, die dann verschiedene Berechnungen ermöglichen.
Der Lösungsweg ist in dieser Falteinheit keineswegs immer eindeutig. So lassen sich z. B. die Volumenanteile rein formal (per Volumenformeln) oder aber auch mittels inhaltlicher Überlegungen („Welchen Einfluss hat ein Drittel der Höhe und ein Drittel der Kantenlänge auf das Tetraedervolumen?") lösen.

Dank des gefalteten Objektes bietet sich statt der Rechnung mit einer beliebigen Tetraederkantenlänge k auch immer das Rechnen mit konkreten Seitenlängen an. Aber auch Schüler, die das formale Rechnen beherrschen, können dann mithilfe ihres gefalteten Tetraeders ihre Rechnung überprüfen.

Lösungen und methodische Tipps (⇨ Kasten)

zu 1. Angegeben sind jeweils die Lösungen mit der allgemeinen Tetraederkantenlänge k sowie die Maße in cm, wenn mit k = 10,5 cm gefaltet wird (was der halben kurzen Seite des DIN-A4-Blattes entspricht).

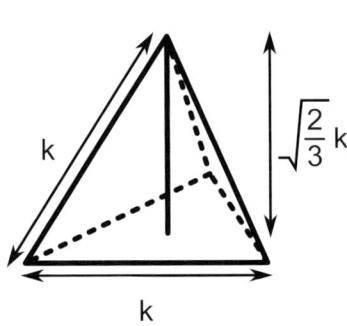
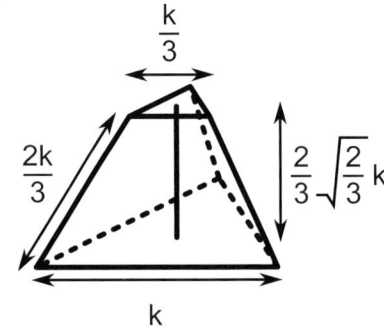
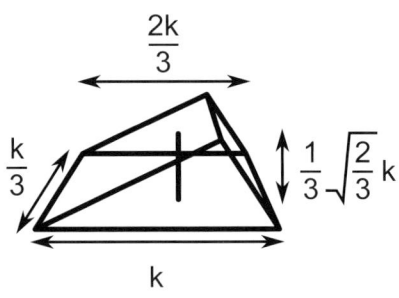
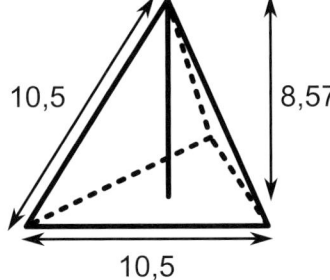
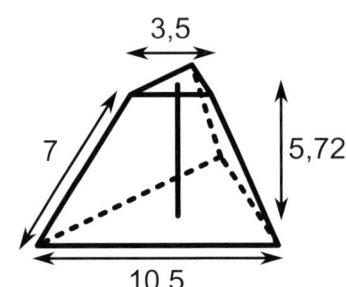
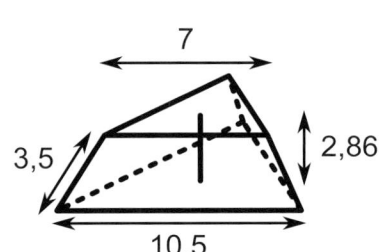

Mathe verstehen durch Papierfalten

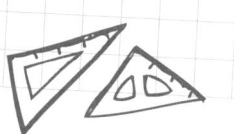

Leitidee Messen

Tetraeder

zu 2. Inhaltliche Überlegung: Für das Volumen einer Pyramide gilt $V = \frac{1}{3} A_G h$. Mit $A_G \sim k^2$ ist also $V \sim h \cdot k^2$. Man kann nun die Volumina der für die bei den Stümpfen fehlenden Tetraeder-Spitzen untersuchen. Sind V, h und k die Größen des großen Tetraeders, erhält man:

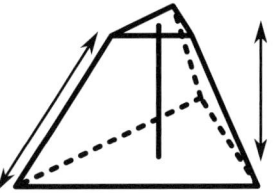

Maße der fehlenden Spitze:		
Höhe:	$\frac{1}{3}h$	$\frac{2}{3}h$
Kantenlänge:	$\frac{1}{3}k$	$\frac{2}{3}k$
Volumen:	$\frac{1}{3} \cdot \left(\frac{1}{3}\right)^2 V = \frac{1}{27} V$	$\frac{2}{3} \cdot \left(\frac{2}{3}\right)^2 V = \frac{8}{27} V$
Volumen des Stumpfes:	$\frac{26}{27} V$	$\frac{19}{27} V$

zu 3. Formal ergeben sich für Volumina und Oberflächeninhalte:

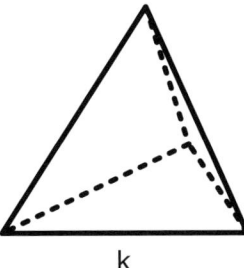
k

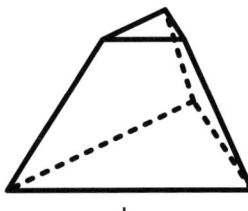
k

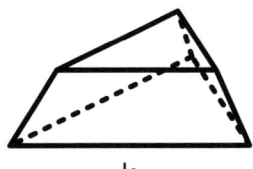
k

$A_O = \sqrt{3} k^2$

$V = \frac{\sqrt{2}}{12} k^3$

$A_O = \frac{17 \cdot \sqrt{3}}{18} k^2$

$V = \frac{13 \cdot \sqrt{2}}{162} k^3$

$A_O = \frac{7 \cdot \sqrt{3}}{9} k^2$

$V = \frac{19 \cdot \sqrt{2}}{324} k^3$

zu 4. a) $\alpha \approx 55°$

b) Das zur Berechnung von α benötigte Dreieck ist nicht gleichseitig, sondern rechtwinklig (siehe Abbildung).

c) Man benötigt die Kantenlänge k sowie die Höhe des Tetraeders mit $h = \sqrt{\frac{2}{3}} k$. Damit erhält man: $\sin(\alpha) = \frac{h}{k} = \frac{\sqrt{\frac{2}{3}} k}{k} = \sqrt{\frac{2}{3}}$, also $\alpha = 54{,}7°$.

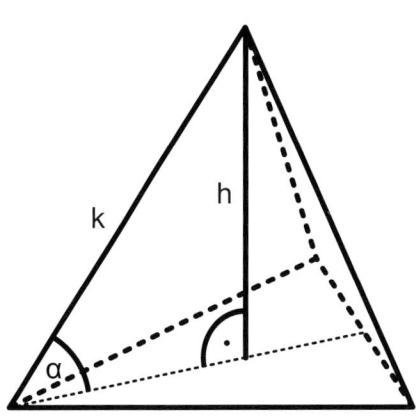

Mathe verstehen durch Papierfalten

Tetraeder (1/2)

Leitidee Messen

Das brauchst du:
- ✓ DIN-A4-Blatt
- ✓ *Anleitungskarte:* „Gleichseitiges Dreieck aus einem DIN-A4-Blatt"
- ✓ farbige Stifte
- ✓ Schere

Vorbereitung

Stelle zunächst ein gleichseitiges Dreieck her (Schritte (a) bis (h) auf der Anleitungskarte).
Falte dann folgendermaßen alle drei Ecken:

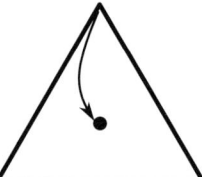  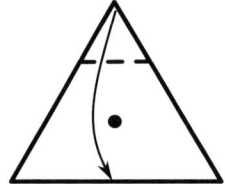 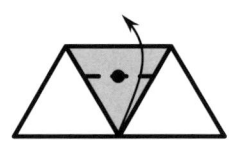

  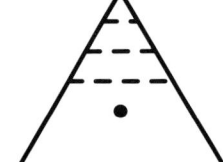 

Aufgabe

1. Aus deinem vorbereiteten Dreieck kannst du nun ein Tetraeder oder auch verschiedene Tetraederstümpfe falten. Ergänze in den Schrägbildern die Maße der Körper.

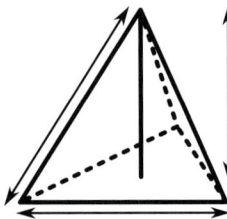 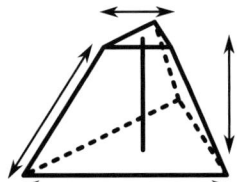 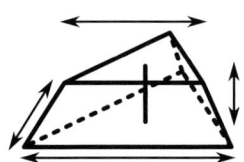

Tipps: Die Kantenlängen kannst du dir auch durch Faltungen überlegen. Bei der Bestimmung der Höhe des Tetraeders musst du ein wenig rechnen; bei den Höhen der Stümpfe helfen dir die Strahlensätze weiter.

2. Gib die Volumina der Tetraederstümpfe als Anteil am gesamten Tetraeder an, ohne jedes Volumen einzeln auszurechnen.

Ganzes Tetraeder:	Stumpf 1:	Stumpf 2:
Volumenanteil = 1	Volumenanteil = …………	Volumenanteil = …………

Tipp: Überlege dir, welchen Einfluss die Kantenlängen und Höhen auf das Volumen haben!

Tetraeder (2/2)

3. Ordne den Körpern ihre Formeln für Oberflächeninhalt und Volumen zu.
   Markiere Oberflächenformeln grün und Volumenformeln blau.

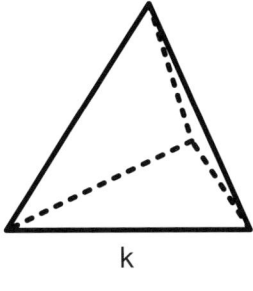 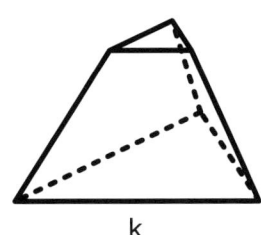 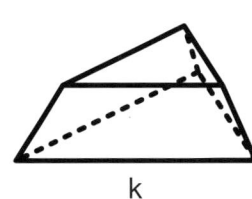
k   k   k

$\dfrac{13 \cdot \sqrt{2}}{162} k^3$ $\dfrac{17 \cdot \sqrt{3}}{18} k^2$ $\dfrac{19 \cdot \sqrt{2}}{324} k^3$

$\dfrac{7 \cdot \sqrt{3}}{9} k^2$

$\dfrac{\sqrt{2}}{12} k^3$ $\sqrt{3} k^2$

4. a) Miss den Neigungswinkel, den die Seitenkante gegenüber der Grundfläche einnimmt.

   α = ...

   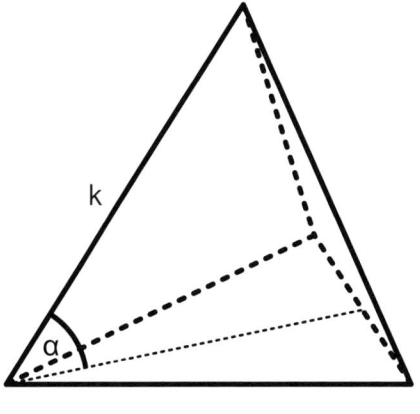

   b) Anna behauptet: „Es handelt sich um ein gleichseitiges Dreieck. Da muss der Winkel doch 60° groß sein!"

   Erkläre Anna, welchen Gedankenfehler sie macht.

   ....

   ....

   ....

   c) Überprüfe die Größe des Winkels nun rechnerisch.

Flächeninhalte begründen

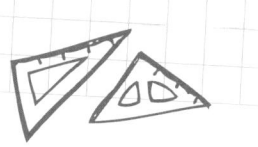

Klasse: 5–8
Material: DIN-A5-Blätter, Scheren

Didaktische Hinweise

Viele geometrische Berechnungen lassen sich auf **Flächeninhaltsberechnungen** grundlegender Figuren zurückführen. Neben Rechtecken und rechtwinkligen Dreiecken, deren Flächeninhaltsformeln sich noch leicht veranschaulichen lassen, sind dies allgemeine **Dreiecke**, **Trapeze** und **Parallelogramme**. Die Arbeitsblätter dieser Falteinheit sollen zeigen, dass die Formeln nicht einfach so vom Himmel fallen, sondern sich mit wenigen Schritten **aus Rechtecksberechnungen** ergeben.

Lösungen und methodische Tipps

Die drei Arbeitsblätter zum Flächeninhalt von Dreieck, Trapez bzw. Parallelogramm eignen sich sehr gut zur Durchführung eines Gruppenpuzzles.
Da jeweils ein DIN-A5-Blatt genutzt wird, können Banknachbarn auch gemeinsam ein DIN-A4-Blatt verwenden.

Dreieck

zu 1. Es entsteht ein **Rechteck**.

zu 2. a) siehe Abbildung rechts

b) $A = \frac{g}{2} \cdot \frac{h}{2}$

zu 3. a) Das Rechteckt passt genau 2-mal ins Dreieck, da die Rechteckfläche aus der Dreieckfläche hervorgeht und doppelt liegt.

b) $A_{Dreieck} = 2 \cdot A = 2 \cdot \frac{g}{2} \cdot \frac{h}{2} = \frac{1}{2} \cdot g \cdot h$

zu 4. Die Formel gilt für jedes beliebige Dreieck.

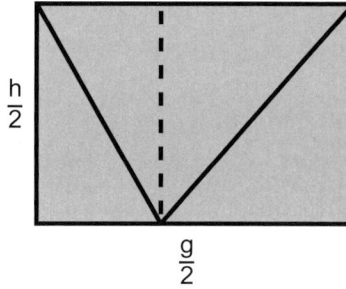

Trapez

zu 1. Es entsteht ein **Rechteck**.

zu 2. Es ist zu erkennen, dass im unteren Bereich die Strecken a und c einen „Ring" bilden.
Die untere Seite der Figur ist halb so lang wie dieser „Ring", also $\frac{a+c}{2}$.
Dies entspricht dann gleichzeitig der oberen Seite m des Rechtecks,
also kann so eine anschauliche Begründung für den Zusammenhang $m = \frac{a+c}{2}$
gefunden werden.

zu 3. siehe Abbildung rechts

zu 4. $A = m \cdot \frac{h}{2}$

zu 5. a) Das Rechteckt passt genau 2-mal ins Trapez, da die Rechteckfläche aus der Trapezfläche hervorgeht und doppelt liegt.

b) $A_{Trapez} = 2 \cdot A = 2 \cdot m \cdot \frac{h}{2} = m \cdot h$

c) $A_{Trapez} = \frac{a+c}{2} \cdot h$

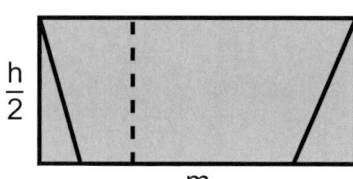

Flächeninhalte begründen

Parallelogramm

zu 1. Das Viereck ABCD ist ein **Parallelogramm**.

Achtung: Wird die erste Kante zu spitz abgeschnitten, so kann es passieren, dass die Höhe nicht vollständig innerhalb des Parallelogramms liegt! Dann sollte die Faltfigur neu erstellt werden.

Von leistungsstarken Schülern kann auch eine Begründung dafür verlangt werden, dass ABCD ein Parallelogramm ist. Dazu bietet sich folgende „Hilfsfigur" an:

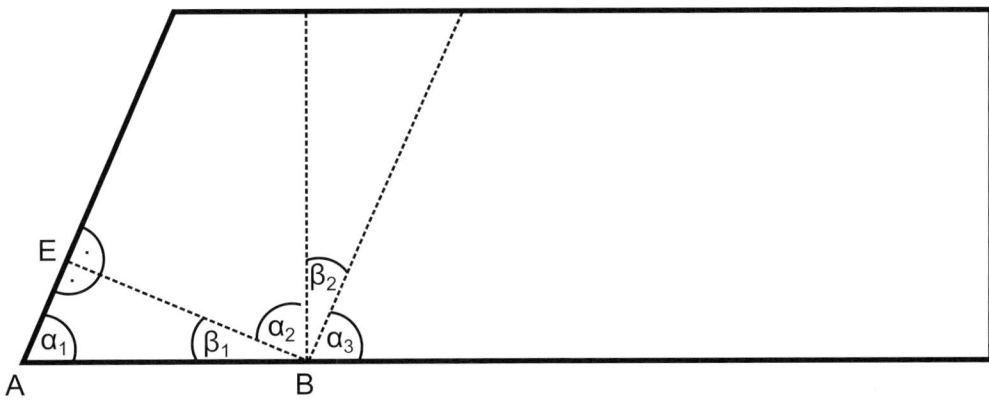

$\beta_1 = 90° - \alpha_1$ (Innenwinkelsumme im Dreieck ABE)

$\alpha_2 = 90° - \beta_1 = \alpha_1$ (rechter Winkel aufgrund der senkrechten Höhe)

$\beta_2 = 90° - \alpha_2 = \beta_1$ (rechter Winkel aufgrund der Faltung)

$\alpha_3 = 90° - \beta_2 = \alpha_2$ (rechter Winkel aufgrund der senkrechten Höhe)

Damit stimmen die Steigungswinkel α_1 und α_3 überein. Wegen der Parallelität der oberen und unteren Kante (aufgrund des halben DIN-A5-Blattes) folgt daraus, dass das Viereck ein Parallelogramm ist.

zu 2. Es entsteht ein **Rechteck**.

zu 3. siehe Abbildung rechts

zu 4. a) $A = g \cdot h$

b) $A_{Parallelogramm} = g \cdot h$

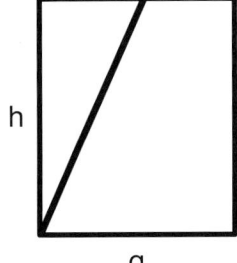

Leitidee Messen

Flächeninhalt im Dreieck

Das brauchst du:

✓ 3 DIN-A5-Blätter
✓ Schere

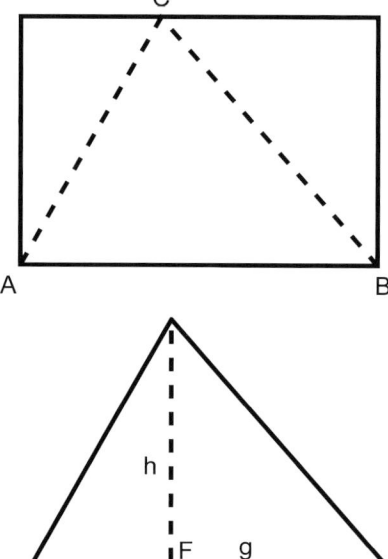

Vorbereitung

Lege zunächst das Blatt im Querformat vor dich hin. Die linke und rechte untere Ecke sind die Punkte A und B. Markiere an der oberen Seite einen beliebigen Punkt C und schneide das Dreieck ABC aus.

Die Seite $\overline{AB}$ ist die Grundseite des Dreiecks und wird mit g bezeichnet. Falte zur Grundseite g die Höhe h. Der entstehende Fußpunkt wird mit F bezeichnet.

Aufgaben

1. Falte alle drei Ecken auf F. Welche Figur entsteht?

   Es entsteht ein ....

2. a) Beschrifte in der rechts stehenden Figur die Seitenlängen in Abhängigkeit von g und h (also als Vielfaches oder Teil davon).
   b) Gib den Flächeninhalt der Figur an.

   A = ... · ....

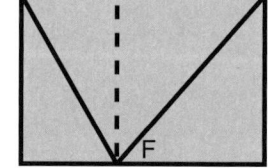

3. a) Wie oft passt die Fläche A der Figur in die Dreiecksfläche $A_{Dreieck}$? Begründe.

   ....

   ....

   b) Ergänze die Formel: $A_{Dreieck}$ = ... · A = ... · .... · .... = ... · g · h

4. Erstelle noch zwei weitere Dreiecke, sodass du am Ende ein rechtwinkliges, ein stumpfwinkliges und ein spitzwinkliges Dreieck hast.
   Wiederhole die Faltungen und überprüfe die Gültigkeit deiner gefundenen Formel aus 3b).

rechtwinkliges Dreieck	stumpfwinkliges Dreieck	spitzwinkliges Dreieck
☐ Formel stimmt	☐ Formel stimmt	☐ Formel stimmt
☐ Formel stimmt nicht	☐ Formel stimmt nicht	☐ Formel stimmt nicht

Mathe verstehen durch Papierfalten © Verlag an der Ruhr | Autoren: Etzold, Petzschler | ISBN 978-3-8346-2626-4 | www.verlagruhr.de

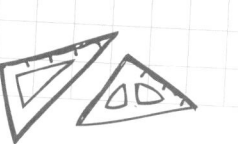

Flächeninhalt im Trapez

Das brauchst du:
- ✓ DIN-A5-Blatt
- ✓ Schere

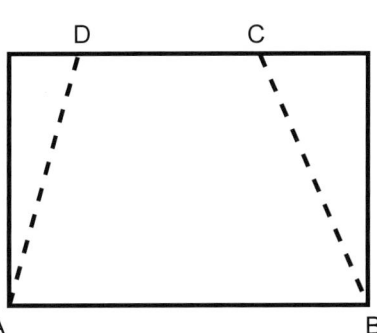

Vorbereitung

Lege das Blatt im Querformat vor dich hin. Die linke und rechte untere Ecke sind die Punkte A und B. Markiere an der oberen Seite zwei beliebige Punkte D und C und schneide das Trapez ABCD aus. Der Abstand der Seiten a und c heißt Höhe h. Falte diese.

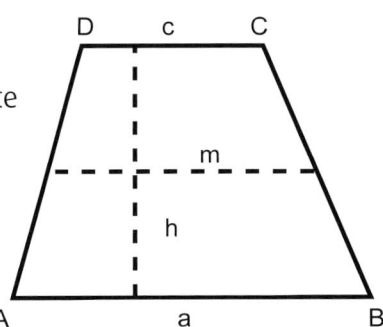

Aufgaben

1. Falte die Seite c auf die Seite a. Die so entstandene Mittellinie wird mit m bezeichnet. Lasse c auf a und falte dann den Punkt A auf D und den Punkt B auf C. Welche Figur entsteht?

   Es entsteht ein ....

2. Begründe, dass die untere Seite der Figur halb so lang wie a + c ist, also dass $m = \frac{a+c}{2}$ ist.

   ....
   ....
   ....

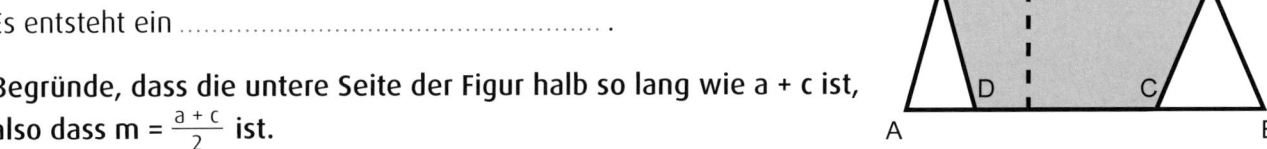

3. Beschrifte die Seitenlängen in Abhängigkeit von m und h (also als Vielfaches oder Teil davon).

4. Gib den Flächeninhalt der Figur an: A = ... · ....

5. a) Wie oft passt die Fläche A der Figur in die Trapezfläche A_{Trapez}? Begründe.

   ....
   ....

   b) Ergänze die Formel: A_{Trapez} = ... · A = ... · .... · .... = ... · ....

   c) Nutze dein Ergebnis von Aufgabe 2 zur Darstellung der Trapezformel abhängig von a, c und h.

   $A_{Trapez} = \dfrac{+}{2} \cdot \ldots\ldots\ldots$

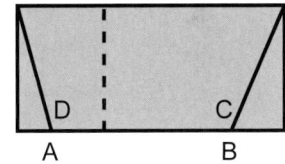

Flächeninhalt im Parallelogramm

Leitidee Messen

Das brauchst du:
- ✓ DIN-A5-Blatt
- ✓ Schere

Vorbereitung

Halbiere zunächst das DIN-A5-Blatt, sodass ein schmaler Streifen entsteht. Lege das Blatt quer vor dich hin.
Falte links eine schräge Kante und schneide diese ab. Die linke, untere Ecke heißt A, oben links entsteht der Punkt D.
Falte A irgendwo auf die Kante $\overline{AD}$. Es entsteht rechts unten der Punkt B.

Den restlichen Streifen von rechts faltest du auf die schräg liegende Kante AB.
Zeichne die letzte Faltkante nach, oben rechts entsteht der Punkt C. Die Strecke $\overline{AB}$ heißt Grundseite und wird mit g bezeichnet.
Falte nun noch die Höhe h des Vierecks auf g durch B.

(1)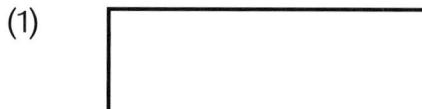

(2)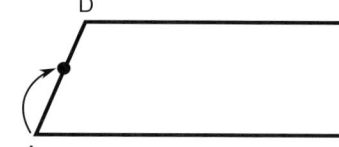

(3)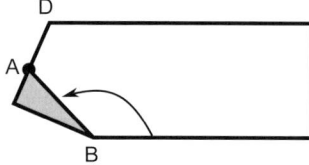

(4)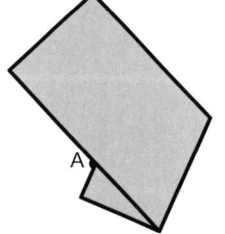

(5)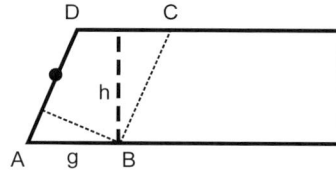

Aufgaben

1. Schneide das Viereck ABCD aus. Welche Figur liegt nun vor dir?

   Das Viereck ABCD ist ein ....

2. Schneide zusätzlich das rechte Dreieck ab und lege es links wieder an. Welche Figur entsteht?

   Es entsteht ein ....

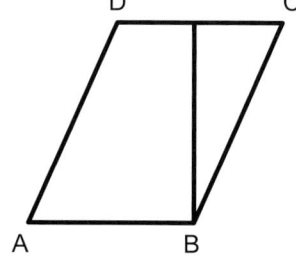

3. Beschrifte die Seitenlängen der so entstandenen Figur in Abhängigkeit von g und h (also als Vielfaches oder Teil davon).

4. a) Gib den Flächeninhalt der Figur an: A = ... · ....
   b) Was gilt dann für den Flächeninhalt des Parallelogramms?

   $A_{Parallelogramm}$ = ... · ....

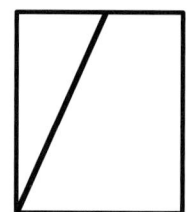

Leitidee
Funktionaler Zusammenhang

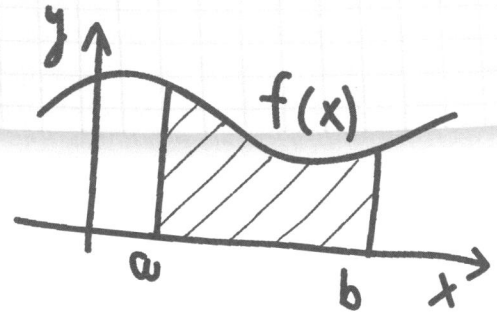

Geraden im Quadrat

Klasse: 7/8
Material: quadratische Blätter verschiedener Größen, farbige Stifte

Didaktische Hinweise

Mit dieser Falteinheit sollen einfache **Grundlagen linearer Funktionen** gefestigt und geübt werden. (⇨Kasten)

Da hier das Koordinatensystem nicht direkt als Achsenkreuz vorgegeben ist, ist flexibles Denken der Schüler gefordert und es wird deutlich, dass ein Koordinatensystem als Hilfsmittel „konstruiert" werden muss.

> Dabei kann sowohl auf wahre Größen als auch auf allgemeine Kantenlängen des Quadrates zurückgegriffen werden, was wiederum zu einer differenzierten Betrachtungsweise führt.

Lösungen und methodische Tipps

zu 1. Die senkrechten Faltlinien stellen keine Funktionen dar, da dort jeweils einem x mehrere y-Werte (sogar unendlich viele) zugeordnet werden. Dies wären die Strecken $\overline{AD}$, $\overline{BC}$ und $\overline{EG}$.

zu 2.

Quadratseite	Gleichung	Einschränkungen für x und y
$\overline{AB}$	y = 0	y ∈ ℝ, 0 ≤ x ≤ c
$\overline{BC}$	x = c	x ∈ ℝ, 0 ≤ y ≤ c
$\overline{CD}$	y = c	y ∈ ℝ, 0 ≤ x ≤ c
$\overline{DA}$	x = 0	x ∈ ℝ, 0 ≤ y ≤ c

zu 3. a) Für diese Aufgabe ist es sinnvoll, wenn möglichst viele verschiedene Größen der quadratischen Blätter im Umlauf sind.
Hat das Blatt die Kantenlänge c, so erhält man: AC: y = x, DB: y = −x + c

b) Den Schülern müsste also auffallen, dass die Funktionsgleichung für AC unabhängig von der Blattgröße ist (da die Gerade durch (0|0) läuft), während die für DB durch die Verschiebung nach oben von c abhängt.

zu 4. Die Abbildung unten zeigt die Lösung.

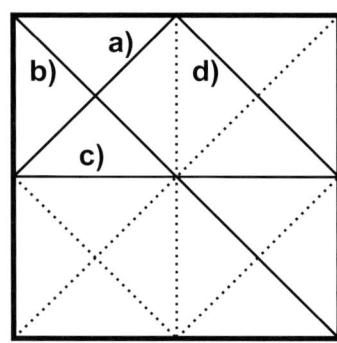

> Für leistungsstärkere Schüler könnte bei dieser Falteinheit auch die Frage interessant sein, wie sich diese Zusammenhänge verändern, wenn (0|0) nicht in A, sondern auf einem anderen Punkt des Blattes liegt. Oder: Wo müsste der Koordinatenursprung liegen, damit die Gleichungen für AC und DB unabhängig von der Blattgröße sind?

Mathe verstehen durch Papierfalten

Gerade im Quadrat

Das brauchst du:

✓ quadratisches Blatt
✓ farbige Stifte

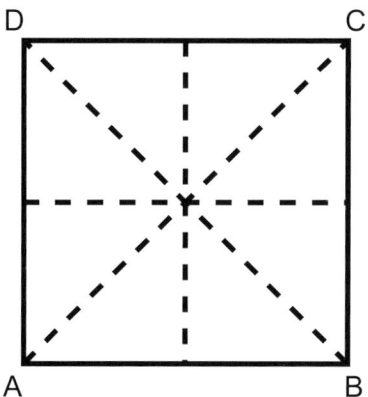

Vorbereitung

Falte in deinem Quadrat zunächst die Mittellinien und Diagonalen. Für alle Aufgaben gilt nun: Der Punkt A hat die Koordinaten (0|0), die Strecke $\overline{AB}$ liegt in x-Richtung, die Strecke $\overline{AD}$ in y-Richtung.

Aufgaben

1. Welche Linien stellen keine Funktionen dar? Begründe.

   ....

2. Notiere für drei Quadratseiten die Gleichungen.

Quadratseite	Gleichung	Einschränkungen für x und y

3. a) Notiere dir für dein Quadrat die Funktionsgleichungen der Diagonalen AC und DB.

   Kantenlänge: ....   AC: ....   DB: ....

   b) Was fällt dir auf, wenn du deine Ergebnisse mit denen deiner Mitschüler (mit anderen Maßen des Quadrates) vergleichst? Begründe.

   ....

   ....

4. Falte nun die Ecken in die Mitte, sodass vier neue Geraden entstehen. Das Blatt soll die Kantenlänge c haben. Ordne jeder Funktionsgleichung in der Tabelle eine Farbe zu und markiere auf deinem Quadrat die dazugehörige Gerade entsprechend farbig.

   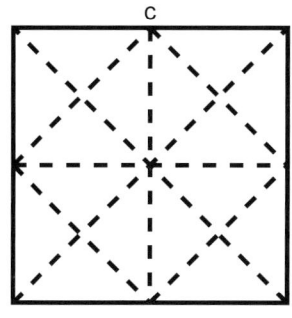

Funktionsgleichung	Farbe	Funktionsgleichung	Farbe
a) $y = x + \frac{c}{2}$		c) $y = \frac{c}{2}$	
b) $y = -x + c$		d) $y = -x + \frac{3c}{2}$	

Kurven falten

Klasse: 9/10 (ggf. auch bis 13, s. u.)
Material: DIN-A4-Blätter

Didaktische Hinweise

Diese Falteinheit bietet die Möglichkeit eines **geometrischen Zugangs zur Parabel**. So kann das Wiedererkennen einer Figur, die den meisten Schülern bisher nur aus dem Analysisunterricht bekannt ist, hier einen Überraschungseffekt auslösen. Die Faltlinien als umhüllende Geraden können in der Sekundarstufe II auch als **Tangenten** an der Parabel erkannt werden. Damit ist diese Einheit auch in der Oberstufe nutzbar.

Lösungen und methodische Tipps

zu 1. Die Randkurve der Faltlinien ist eine **Parabel**.

zu 2. Ein schmaleres oder breiteres Blatt hat keinen Einfluss auf Lage und Form der Parabel.
Liegt der markierte Punkt weiter links oder rechts, verschiebt sich die Parabel entsprechend nach links bzw. recht.
Liegt der markierte Punkt weiter oben oder unten, so wird die Parabel gestreckt bzw. gestaucht (und natürlich auch gleichzeitig nach oben bzw. unten verschoben).

Hier bietet sich auch ein Gruppenpuzzle an, sodass die Ergebnisse von mehreren Schülern parallel gesammelt und dann gegenseitig vorgestellt werden können.

zu 3. Der Abstand f (markierter Punkt – Blattkante) ist immer doppelt so groß wie der Abstand e (Scheitelpunkt – Blattkante).

Der Grund liegt hier in der geometrischen Definition der Parabel. Dies wird genauer bei den Einsatzmöglichkeiten von DGS erläutert (s. u.).

zu 4. Die Gleichung der Kurve lautet $y = x^2 + 0{,}25$. Für einen allgemeinen Abstand f gilt die Gleichung $y = \frac{1}{2f} x^2 + \frac{f}{2}$. (Wir haben uns hier für $f = 0{,}5$ entschieden, da sich so vor dem x^2 der Vorfaktor 1 ergibt und die Gleichung einfacher abzulesen ist.)

Einsatz von DGS

Das Parabel-Falten bietet viele Möglichkeiten, sich intensiver mithilfe Dynamischer Geometriesoftware damit auseinanderzusetzen und Rückschlüsse auf die Faltungen zu ziehen.

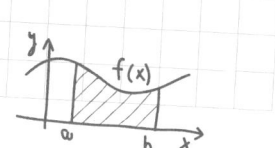

Leitidee Funktionaler Zusammenhang

Kurven falten

Auf dieser und der nächsten Seite finden Sie zu jeder einzelnen Aufgabe des Arbeitsblatts Hinweise, wie Sie ein DGS einsetzen können. Dazu passend finden Sie auf S. 55 auch ein entsprechendes Arbeitsblatt, das Sie an die Schüler austeilen können.

> Die Bearbeitung der Einheit mit DGS kann auch zur Differenzierung oder als Hausaufgabe im Zusammenhang mit dem eigentlichen Arbeitsblatt eingesetzt werden.

zu 1. Zunächst muss ein Rechteck und ein Punkt F innerhalb des Rechtecks festgelegt werden.
Eine Faltlinie entsteht, wenn man einen Punkt B auf der unteren Blattkante b (B sollte im DGS auf b „angeklebt" sein) auf den markierten Punkt F faltet. Mathematisch ausgedrückt ist dann die Faltlinie die Mittelsenkrechte dieser beiden Punkte (siehe auch Allgemeine Hinweise, S. 4). Diese Gerade kann man einfach vom DGS konstruieren lassen (Abb. 1).

Nutzt man die Eigenschaft eines DGS aus, dass der Punkt B auf der Kante verschiebbar ist, so ist zu erkennen, wie sich die Lage der Faltlinie ändert. Durch Anzeigen der Spur erhält man einen Überblick über alle möglichen Faltlinien (Abb. 2).

zu 2. Schon anhand der Konstruktion könnte die Vermutung auftreten, dass die anderen Blattkanten und die Breite der unteren Blattkante keinen Einfluss auf Lage und Form der Parabel haben. Um dies besser zu sehen, bietet es sich an, auf der unteren Blattkante mehrere Punkte zu erzeugen und die Mittelsenkrechten zwischen ihnen und dem Punkt im Rechteck zu bilden. Dann sind ein paar Faltlinien mehr zu sehen (Abb. 3).

Nun werden die Blattkanten verschoben, um das Papierformat zu ändern oder es wird die Lage des Punktes F nach rechts und links bzw. oben und unten verändert (Abb. 4). Dabei ist wieder zu erkennen, dass nur die Verschiebung nach oben und unten einen Einfluss auf die Form der Parabel hat (Stauchung bzw. Streckung).

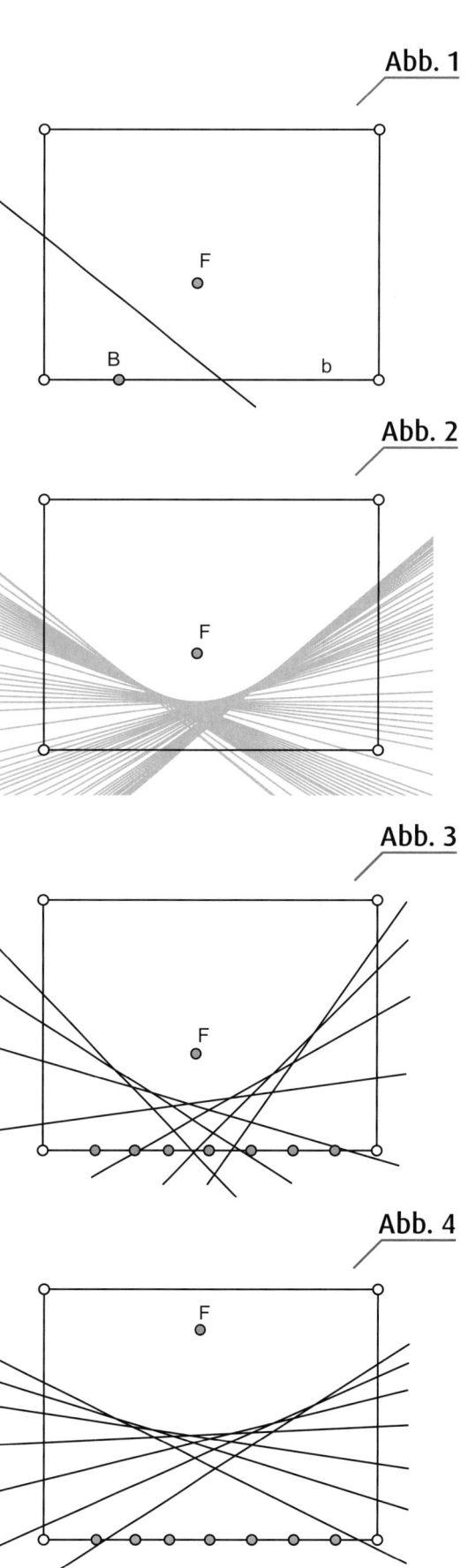

Mathe verstehen durch Papierfalten

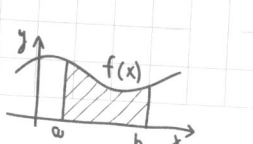

Kurven falten

zu 3. Die Abstände, die bei den Faltungen gemessen wurden, könnte man auch beim DGS messen. Eine Schwierigkeit besteht jedoch im exakten Finden des Scheitelpunktes. Eine andere Möglichkeit wäre, für B den Lotfußpunkt von F auf b zu wählen. Der Mittelpunkt von B und F ist der Scheitelpunkt der Parabel (Abb. 5).

Abb. 5

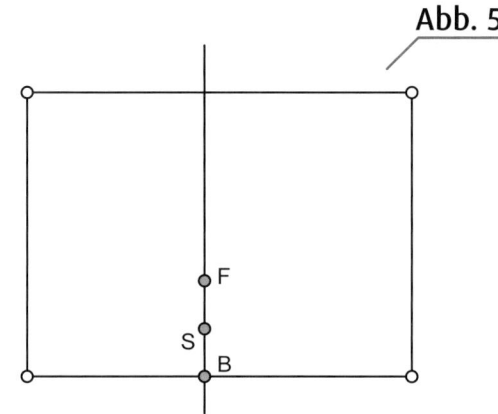

zu 4. Eine Funktionsgleichung zu finden, kann auf verschiedenen Wegen erfolgen. Einerseits könnten Vermutungen getroffen werden. Durch den qualitativen Einfluss der Lage von F auf die Parabelform und -lage könnten Parametereinflüsse untersucht werden. Durch systematisches Probieren kann dann die Gleichung gefunden werden.

Andererseits wäre auch eine geometrische Herangehensweise möglich: Warum handelt es sich bei dem Faltbild überhaupt um eine Parabel?

Die Mittelsenkrechte von F und B ist die Menge aller Punkte, die von F und B denselben Abstand haben. Eine Parabel wiederum ist die Menge aller Punkte, die von einem Brennpunkt und einer Leitlinie denselben Abstand haben.

Abb. 6

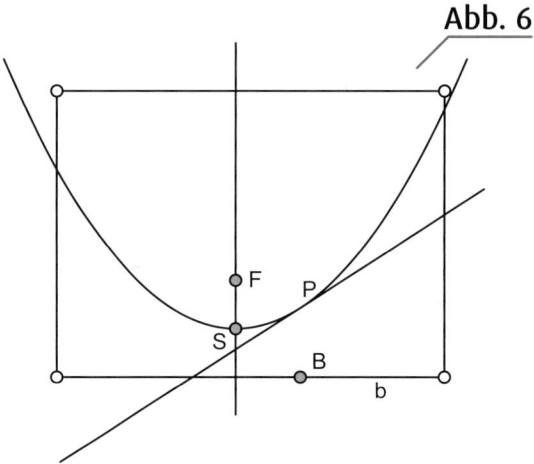

Betrachtet man F als Brennpunkt und b als Leitlinie, so haben also die Mittelsenkrechte und die Parabel genau einen gemeinsamen Punkt P, da B auf b liegt. Die Mittelsenkrechte ist demnach eine Tangente der Parabel.

Dies gilt natürlich für alle anderen Punkte auf b genauso. Damit ist also F der Brennpunkt und b die Leitlinie einer Parabel, während die Faltlinien die Tangenten der Parabel darstellen und sie somit erst sichtbar machen.

Nun ist „nur noch" ein wenig Mathematik nötig, um aus der Brennweite f die Funktionsgleichung $y = \frac{1}{2f} x^2 + \frac{f}{2}$ zu erhalten. Eine Herleitung dazu findet sich z.B. in der Online-Enzyklopädie Wikipedia unter dem Stichwort „Parabel".

Mathe verstehen durch Papierfalten

Kurven falten (1/2)

Das brauchst du:

✓ mehrere DIN-A4-Blätter

Vorbereitung

Lege ein DIN-A4-Blatt quer vor dich hin. Markiere in einigem Abstand von der unteren Kante des Blattes einen Punkt und falte nun die untere Kante immer wieder zu dem Punkt.

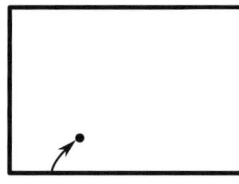 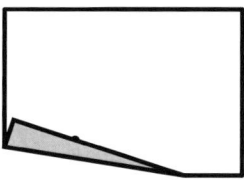  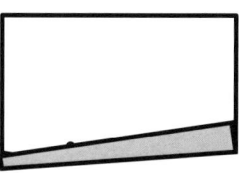

 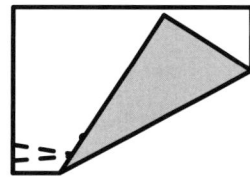 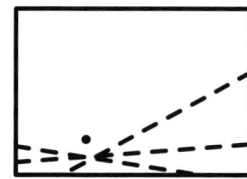 

Aufgaben

1. Die Faltlinien hüllen eine Kurve ein.

    Es handelt sich vermutlich um eine ....

2. Untersuche den Einfluss von Papierformat und Lage des Punktes auf die Form der Kurve. Skizziere deine Ergebnisse.

    A4-Blatt: schmaleres Blatt: flacheres Blatt:

     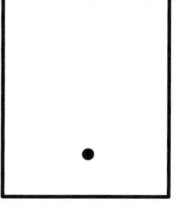 

    Punkt liegt weiter rechts: Punkt liegt weiter oben:

    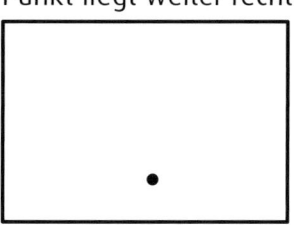 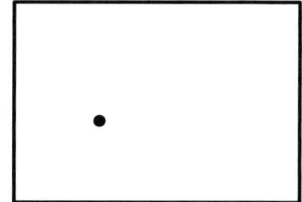

Kurven falten (2/2)

3. Miss bei zwei Faltungen folgende Abstände:
   f: Abstand markierter Punkt – Blattkante,
   e: Abstand unterster Punkt der Kurve – Blattkante.
   Trage deine Messungen in die Tabelle ein.
   Was fällt auf, wenn du mit deinen Mitschülern vergleichst?

   Mir fällt auf: ....

   ....

   ....

4. Nimm ein neues Blatt. Setze deinen markierten Punkt so, dass f = 0,5 dm ist, und falte die Kurve. Lege deinen Koordinatenursprung auf die untere Blattkante direkt unterhalb des markierten Punktes.
   Zeichne deine Kurve in das Koordinatensystem und bestimme ihre Funktionsgleichung.

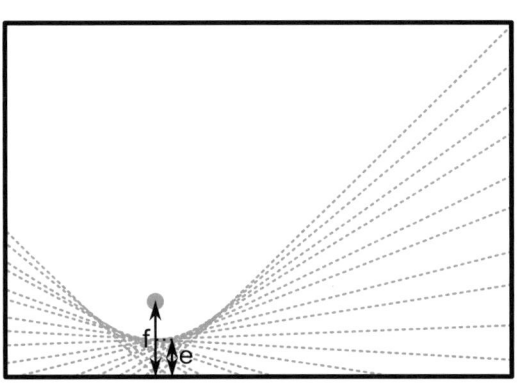

	e in cm	f in cm
1. Faltung		
2. Faltung		
3. Faltung		
4. Faltung		

Funktionsgleichung: y = ...

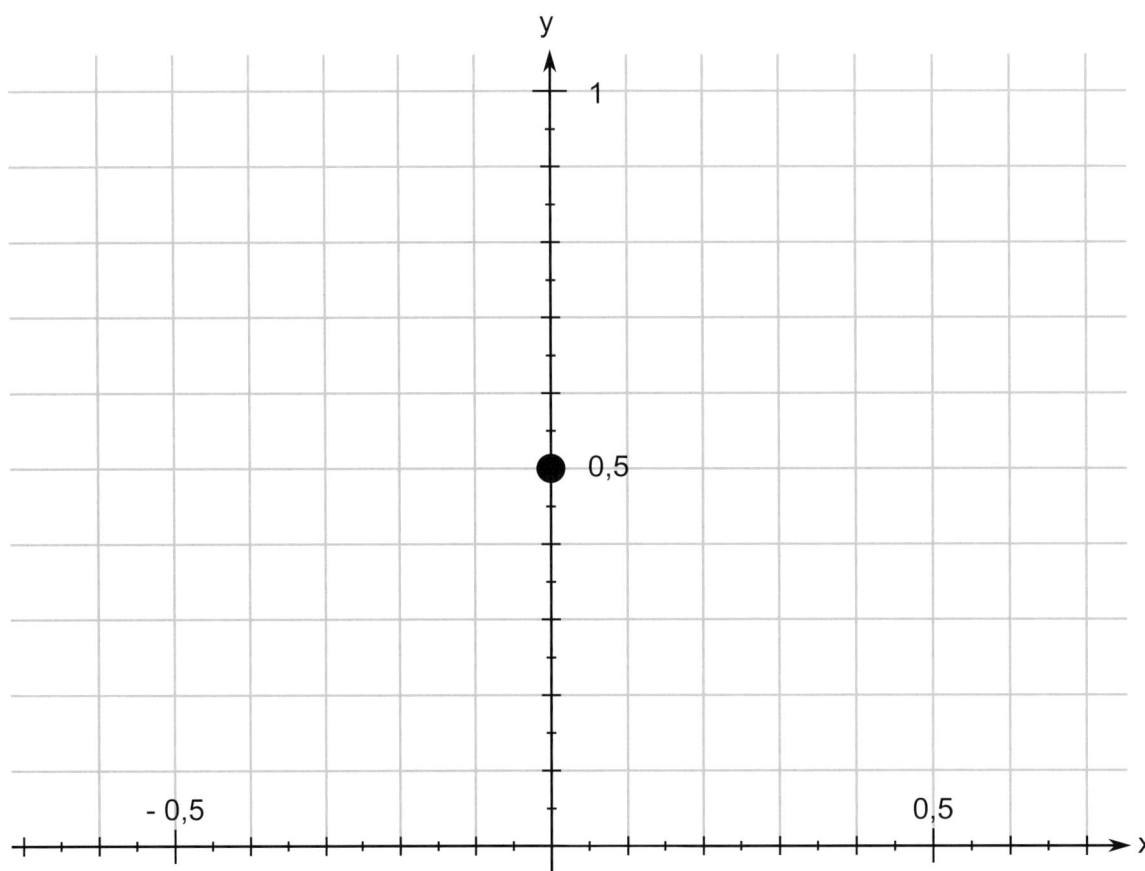

Kurven falten mit DGS

Dieses Arbeitsblatt soll dir helfen, die Aufgaben des Arbeitsblatts „Kurven falten" mit einem DGS (Dynamische Geometriesoftware) nachzuvollziehen.

zu 1: Welche Kurve entsteht?

Zeichne ein Rechteck ABCD und einen Punkt F innerhalb des Rechtecks. Zeichne auf der Strecke $\overline{AB}$ einen Punkt E. Achte darauf, dass E an die Strecke gebunden ist (das heißt, wenn du E verschiebst, muss er stets auf der Strecke bleiben).

Die Faltlinie entsteht, wenn du E auf F faltest. Welche besondere Linie ist diese Faltlinie?

Die Faltlinie ist die .... von F und E.
Konstruiere diese Faltlinie. Lasse dir die Spur der Faltlinie anzeigen, während du E verschiebst. Du müsstest dieselbe Situation wie bei der Faltung erhalten.

zu 2: Welchen Einfluss hat die Lage des markierten Punktes auf die Form und Lage der Parabel?

Um den Einfluss des Papierformats und der Lage von F zu untersuchen, zeichnest du mehrere Punkte E, G, H ... auf der Seite $\overline{AB}$. Konstruiere alle Faltlinien zwischen F und E, G, H ... (ohne dass du dir die Spur anzeigen lässt). Verschiebe nun die Eckpunkte des Rechtecks. Achte darauf, dass es stets ein Rechteck bleibt!
Verschiebe den Punkt F auf und ab bzw. nach rechts und links.
Wann ändert sich die Form der Parabel? Wann ändert sich nur die Lage?
Stimmen deine Erkenntnisse mit deinen Faltungen überein?

zu 3: Wo liegt der Scheitelpunkt?

Den Scheitelpunt der Parabel kannst du recht einfach konstruieren: Zeichne eine Senkrechte zur Seite $\overline{AB}$ durch F. Der Schnittpunkt dieser Senkrechten mit $\overline{AB}$ soll P heißen. Der Scheitelpunkt S ist nun der Mittelpunkt vom F und P.

zu 4: Wie lautet die Funktionsgleichung?

Wenn du ein Koordinatensystem anzeigen lässt, muss du das Rechteck ABCD und den Punkt F so verschieben, dass $\overline{AB}$ auf der x-Achse und F auf der y-Achse liegen.
Nun kannst du eine Parabel der Form $y = ax^2 + b$ einzeichnen und die Parameter a und b (z.B. über Schieberegler) so anpassen, dass deine Faltparabel entsteht.

Umkehrfunktion

Klasse: 9/10
Material: DIN-A4-Blätter, weiche Bleistifte

Didaktische Hinweise

Mit dieser Falteinheit soll die **geometrische Vorstellung von Umkehrfunktionen** erarbeitet werden. Das Spiegeln einer Kurve an einer „schrägen" Gerade ist für Schüler keine selbstverständliche Tätigkeit. So kann das Arbeitsblatt auch dazu dienen, den mathematischen Blick hierfür ein wenig zu schärfen.

Lösungen und methodische Tipps

Vor der Bearbeitung des Arbeitsblatts muss den Schülern die Definition der Umkehrfunktion bekannt sein. Dies kann bspw. auch als Rechercheauftrag gegeben werden.

Wir haben uns bewusst für ein quadratisches Blatt entschieden, da so die Hauptdiagonale problemlos sichtbar wird und man nicht noch mit unterschiedlich skalierten Achsen arbeiten muss.

zu 1. Gute Ergebnisse werden erzielt, wenn die Funktion möglichst „großflächig" auf dem Blatt verteilt ist, also insbesondere auch starke Abweichungen von der Diagonale aufweist.

zu 2. Beim Umdrehen des Blattes und korrekter Beschriftung werden x- und y-Achse vertauscht, sodass dadurch die Umkehrfunktion dargestellt wird.

zu 3. a) Durch das Falten und Rubbeln wird das Spiegelbild der Funktion an der Diagonale erzeugt.
Dazu darf die Funktion nicht zu dünn gezeichnet werden. Alternativ könnte man auch die Funktion „nach außen" falten und an ihr entlang mit der Zirkelspitze in kurzen Abständen durchstechen. Im Anschluss zieht man die Löcher mit einem Stift nach.

b) Die Umkehrfunktion ist die an der Diagonale y = x gespiegelte Funktion. Diese anschauliche Spiegelung funktioniert jedoch nur bei gleich skalierten Achsen. Die Abbildungen zeigen jeweils dieselbe Funktion mit ihrer Umkehrfunktion:

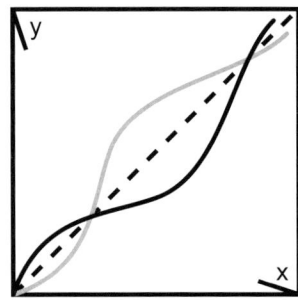 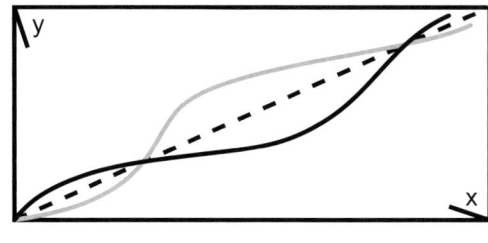

Umkehrfunktion

zu 4. Aus unserer Erfahrung sind die Schüler hier oft verwirrt, glauben sie doch, dass die Umkehrfunktion monoton fallend sein müsse bei einer ursprünglich monoton wachsenden Funktion. Jedoch ist f wachsend, wenn für größere x auch das y größer wird. Entsprechend muss auch bei größerem y das x größer werden, also ist die Umkehrung von f ebenfalls wachsend.

Einsatz von DGS

Die Umkehrfunktion lässt sich auch eindrucksvoll mit DGS darstellen. Einige DGS erlauben das Zeichnen von Freihandfunktionen. Dies ist in solchen Situationen immer sinnvoller, da dann der Schwerpunkt in der Allgemeinheit der betrachteten Zusammenhänge liegt. Ist das Freihandzeichnen nicht möglich, gibt man die Gleichung einer streng wachsenden Funktion ein.

Auf der gezeichneten Funktion wird nun ein Punkt markiert, der an die Kurve gebunden ist. Weiterhin wird die Gerade y = x gezeichnet, an der dann sowohl die Kurve als auch der Punkt gespiegelt werden.

Wird der Punkt auf der Kurve bewegt, kann man die Koordinaten von A und A' beobachten und erkennt, dass jeweils x und y vertauscht sind:

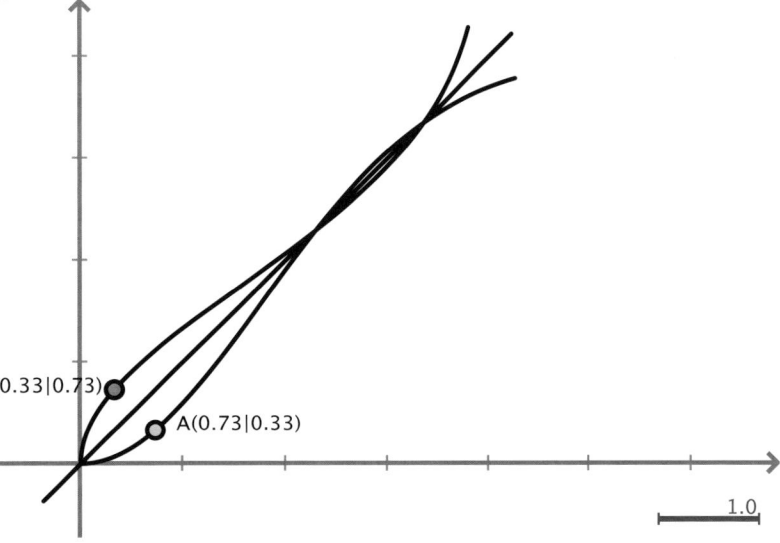

Weitere Erkenntnisse und Untersuchungen mit leistungsstärkeren Schülern können sein:

- Auch zu nicht umkehrbaren Funktionen lässt sich ein Spiegelbild erzeugen. Das ist dann nur keine Funktion mehr. So wird deutlich, dass eine Spiegelung an sich nicht ausreicht, um die Umkehrfunktion zu finden.

- Werden die x- und y-Achse unterschiedlich skaliert, stimmt zwar die Mathematik noch (wie sich auch an den Koordinaten von A und A' untersuchen lässt), allerdings ist die Umkehrfunktion dann nicht mehr anschaulich als Spiegelung interpretierbar.

- Es kann die Monotonie von Funktion und Umkehrfunktion untersucht werden.

- Manche DGS zeigen für Funktionen mit vorgegebener Funktionsgleichung auch die Gleichung der gespiegelten Funktion an. Insbesondere bei nicht allgemein umkehrbaren Funktionen (wie z.B. $y = x^2$) kann gesehen werden, dass die Spiegelung keine Funktion darstellen muss.

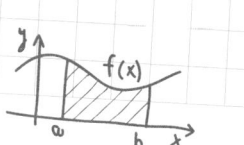
Leitidee Funktionaler Zusammenhang

Umkehrfunktion

Das brauchst du:

✓ DIN-A4-Blatt
✓ weicher Bleistift

Vorbereitung

Erstelle zunächst ein quadratisches Blatt Papier und lege es so vor dich hin, dass die Diagonale von unten links nach oben rechts verläuft. Die linke, untere Ecke des Blattes stellt den Koordinatenursprung (0|0) dar. Markiere die x-Achse und die y-Achse.

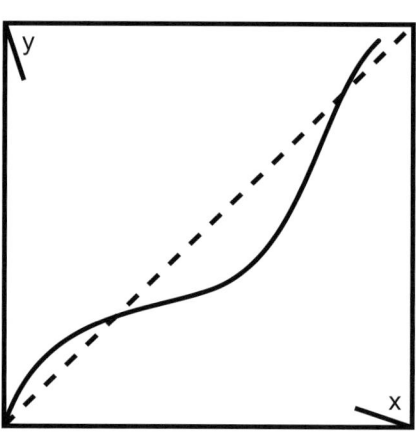

Aufgaben

1. Zeichne mit einem weichen Bleistift möglichst dick eine streng monoton wachsende Funktion ein, die sowohl oberhalb als auch unterhalb der Diagonalen verläuft (vgl. Beispiel in der Abbildung rechts).

2. Drehe das Blatt nun um und halte es so gegen das Licht, dass du die Umkehrfunktion siehst. Beschrifte die Achsen entsprechend.
   Begründe, dass die sichtbare Funktion die Umkehrfunktion deiner gezeichneten ist.

   ....

   ....

3. Wende das Blatt wieder auf die Seite, auf der du die Funktion eingezeichnet hast. Falte entlang der Diagonalen, sodass die gezeichnete Funktion innen liegt, und rubble (am besten mit einem Fingernagel) entlang der Funktion kräftig auf dem Papier. Falte das Blatt dann wieder auf.

   a) Was fällt dir bei dem entstandenen Bild auf?

   ....

   b) Fasse zusammen, wie Funktion und Umkehrfunktion geometrisch zusammenhängen.

   ....

4. Die Umkehrfunktion ist ebenfalls monoton wachsend. Begründe, warum das so ist.

   ....

   ....

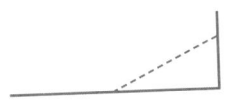

Geradengleichungen

Klasse: 11–13
Material: DIN-A4-Blätter, farbige Stifte,
Anleitungskarte „Gleichseitiges Dreieck aus einem DIN-A4-Blatt"

Didaktische Hinweise

Diese Falteinheit bietet sich in der gymnasialen Oberstufe zur **Wiederholung linearer Funktionen** an. So werden beim Finden der Geradengleichungen nicht nur die formalen Vorgehensweisen wiederholt, sondern auch der **Einfluss von Parametern auf Funktionsgleichungen** untersucht (z. B. Steigungen zueinander senkrechter Geraden, Frage nach y-Achsenabschnitt bei bekannter Steigung und Nullstelle etc. ...).

Lösungen und methodische Tipps (⇨ Kasten)

zu 1. In der Abbildung unten rechts sind die Faltlinien eingezeichnet. Daran ist die Drittelung der Höhe gut zu erkennen.

zu 2. Mit dem Satz des Pythagoras erhält man $c^2 = \left(\frac{c}{2}\right)^2 + h^2$, also $h^2 = c^2 - \left(\frac{c}{2}\right)^2 = \frac{3c^2}{4}$ und damit $h = \sqrt{\frac{3}{4}c^2} = \frac{\sqrt{3}}{2}c$.

zu 4. Liegt der Koordinatenursprung auf A, so gilt:
b: $y = \sqrt{3}x$,   a: $y = -\sqrt{3}x + \sqrt{3}c$

zu 5. Die bereits vorhandene Faltlinie ist senkrecht zu b und hat die Gleichung: $y = -\frac{1}{\sqrt{3}}x + \frac{1}{\sqrt{3}}c$

zu 6. Legt man den Koordinatenursprung auf die untere Blattkante, so gilt:
obere Gerade: $y = h = \frac{\sqrt{3}}{2}c$, mittlere Gerade: $y = \frac{2}{3}h = \frac{\sqrt{3}}{3}c$,
untere Gerade: $y = \frac{1}{3}h = \frac{\sqrt{3}}{6}c$

zu 7. Die gefaltete Mittelparallele des A4-Blattes ist keine Funktion und hat die Gleichung $x = \frac{c}{2}$.

zu 8. Legt man den Koordinatenursprung in den Punkt A, so gilt $S\left(\frac{c}{2} \mid \frac{1}{3} \cdot \frac{\sqrt{3}}{2} \cdot c\right)$ bzw. $S(10{,}5 \mid 6{,}1)$.

zu 9. Die 30° ergeben sich, da die erste Faltung beim Erstellen des Dreiecks die Winkelhalbierende des Innenwinkels vom gleichseitigen Dreieck ist.
Rechnerisch: $\tan(\alpha) = \frac{\frac{h}{3}}{\frac{c}{2}} = \frac{\frac{\sqrt{3}}{6}c}{\frac{1}{2}c} = \frac{\sqrt{3}}{3}$, also $\alpha = 30°$.

zu 10. $\frac{\sqrt{3}}{2}c^2$ kann die Fläche des Rechtecks mit Seitenbreite und Höhe des großen Dreiecks sein. $\frac{\sqrt{3}}{4}c^2$ ist dann bspw. die Fläche des großen Dreiecks und $\frac{\sqrt{3}}{24}c^2$ gerade ein Sechstel davon.

> Die Lage des Koordinatensystems ist in der Aufgabenstellung nicht vorgegeben. Am einfachsten sind die Aufgaben zu lösen, wenn der Koordinatenursprung in der unteren linken Ecke des Blattes liegt. Er könnte aber bspw. auch im Schwerpunkt oder der oberen Spitze des gleichseitigen Dreiecks liegen. Verschiedene Gruppen könnten hier ihre unterschiedlichen Lösungswege vorstellen. Bei einigen Aufgaben wäre auch die Angabe vektorieller Geradengleichungen möglich.

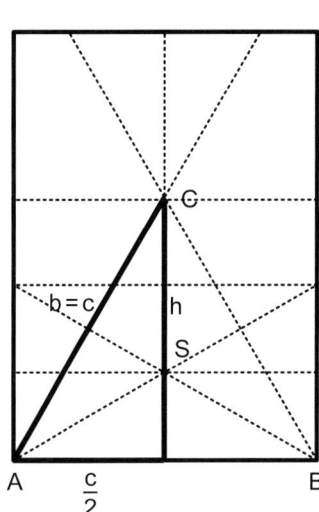

Geradengleichungen (1/2)

Das brauchst du:

✓ DIN-A4-Blatt

✓ *Anleitungskarte:*
„Gleichseitiges Dreieck aus einem DIN-A4-Blatt"

✓ farbige Stifte

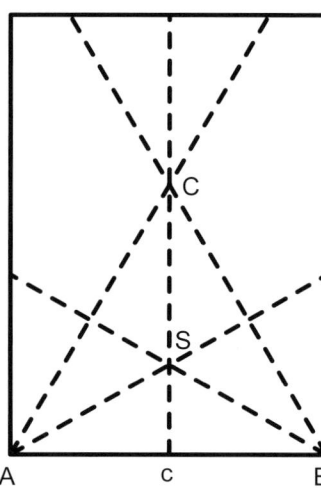

Vorbereitung

Falte zunächst ein gleichseitiges Dreieck (Schritte (a) bis (f) auf der Anleitungskarte). Markiere den Punkt S wie rechts dargestellt.

Aufgaben

1. Zeige durch Falten von drei Parallelen, dass der Punkt S die Höhe des Dreiecks ABC im Verhältnis 1:2 teilt.

2. Weise nach, dass die Höhe des Dreiecks $\frac{\sqrt{3}}{2} \cdot c$ beträgt.

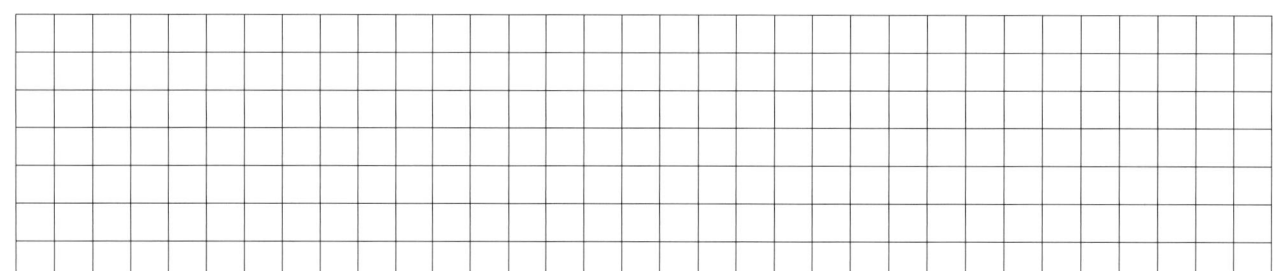

3. Wähle auf deinem Faltblatt einen Punkt als Koordinatenursprung. Beachte, dass du alle folgenden Aufgaben bezüglich deiner Wahl des Koordinatenursprungs bearbeitest!

   Mein Koordinatenursprung: ....

4. Ermittle die Geradengleichungen entlang der Dreiecksseiten a und b.

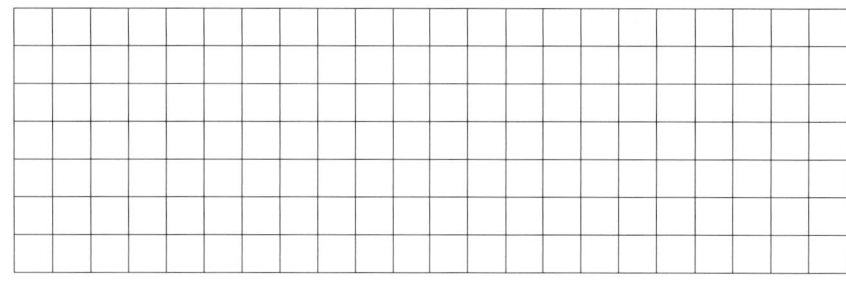

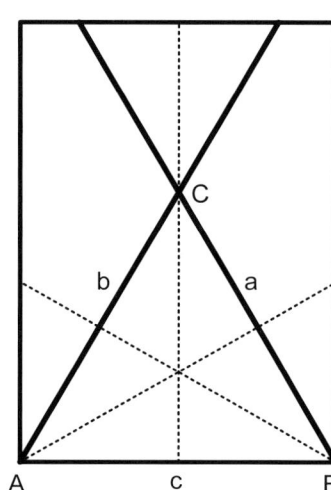

Geradengleichungen (2/2)

5. Finde eine Gerade, die senkrecht zu b liegt, und bestimme ihre Gleichung.

6. Gib die Geradengleichungen für die bei Aufgabe 1 gefalteten Parallelen an.

   obere Gerade: ....

   mittlere Gerade: ....

   untere Gerade: ....

7. Findest du eine Gerade, die keine Funktion darstellt? Markiere sie und gib eine Gleichung an.

   Gleichung: ....

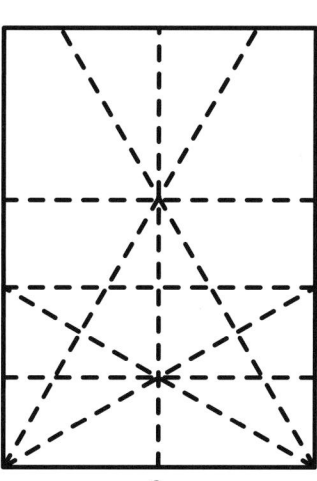

8. Bestimme die Koordinaten des Schwerpunktes S. Überprüfe dein Ergebnis auch am Faltblatt ($c = 21\,cm$).

9. a) Zeige durch Falten, dass der Winkel α (siehe Abbildung rechts) 30° beträgt.
   b) Weise dies auch durch eine Rechnung nach.

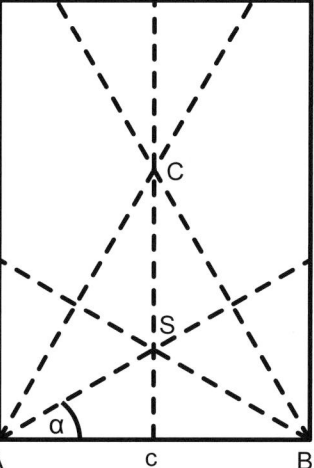

10. Wähle für die drei angegebenen Flächeninhalte je eine Farbe und schraffiere sie entsprechend auf deinem Faltblatt.

Fläche	$\frac{\sqrt{3}}{2}c^2$	$\frac{\sqrt{3}}{4}c^2$	$\frac{\sqrt{3}}{24}c^2$
Farbe	○	○	○

Dreidimensionales Koordinatensystem

Klasse: 11–13
Material: quadratische Blätter in drei verschiedenen Farben, Nadel und Faden, Zahnstocher

Didaktische Hinweise

Immer wieder fällt bei der Behandlung der Geometrie in der Oberstufe auf, dass die Schüler Schwierigkeiten damit haben, sich Objekte im dreidimensionalen Koordinatensystem vorzustellen. Die berühmt berüchtigte Zimmerecke als Koordinatenursprung kann zwar als Orientierung dienen – versagt dann aber in der Regel, sobald eine der Koordinaten negativ wird. Zweidimensionale Veranschaulichungen von dreidimensionalen Koordinatensystemen sind ebenfalls nur dann hilfreich, wenn die Schüler die perspektivische Sicht verinnerlicht haben. Mit dieser Falteinheit soll den Schülern ein Hilfsmittel in die Hand gegeben werden, **konkret mit dem dreidimensionalen Koordinatensystem als dreidimensionalem Objekt zu hantieren** und darin Geraden und Ebenen zu untersuchen.

Lösungen und methodische Tipps

Das Falten dieser Figur fällt Schülern erfahrungsgemäß schwer – Sie werden hier sicherlich etwas Hilfe leisten müssen, vor allem beim Zusammenstecken der Spitzen (es ist wichtig, darauf zu achten, ob eine Farbe einer anderen Spitze „übergestülpt" wird oder in sie hineingesteckt wird; siehe Hinweis zu Aufgabe 2). Der Aufwand lohnt sich jedoch, da jeder Schüler dadurch ein eigenes dreidimensionales Koordinatensystem zur Verfügung hat, das er langfristig benutzen kann. Je nach Ihren Vorstellungen können Sie dieses bspw. auch als Hilfsmittel in Klausuren zulassen.
Entscheidend ist, dass es sich um exakt quadratisches Papier handelt (wir empfehlen hier Origami-Papier). Auch müssen die Faltlinien sauber gearbeitet sein, sodass am Ende ein stabiles Koordinatensystem entsteht.

- **zu 1.** Wenn Sie quadratisches Papier nutzen, auf dem bereits Kästchen vorgezeichnet sind, so sind bei der gefalteten Figur die Koordinatengitterlinien zu erkennen. Die Kästchen müssen dabei jedoch symmetrisch zum Mittelpunkt des Blattes angeordnet sein, damit der Koordinatenursprung letztlich mittig liegt.

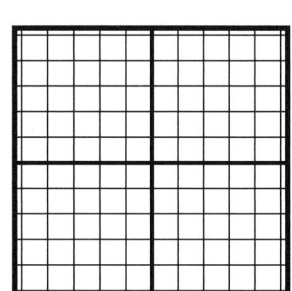

- **zu 2.** Achten Sie beim Falten darauf, dass jede Koordinatenebene von beiden Seiten ihre eigene Farbe hat. Dies ist auch eine Überprüfungsmöglichkeit dafür, ob das Koordinatensystem möglichst stabil gebaut wurde.

- **zu 3.** als Vektorengleichung: $\quad g: \vec{x} = \begin{pmatrix} 2 \\ 0 \\ 0 \end{pmatrix} + t \cdot \begin{pmatrix} -2 \\ 3 \\ 0 \end{pmatrix}, t \in \mathbb{R}$

  als parameterfreie Gleichung: $\quad g: y = -\frac{3}{2}x + 3,\ z = 0$

Dreidimensionales Koordinatensystem

zu 4. Eine mögliche Lösung ist: Die Strecke verläuft durch (2|0|1) und (0|3|1).

Die zugehörige Gerade hat die Gleichung $\vec{x} = \begin{pmatrix} 2 \\ 0 \\ 1 \end{pmatrix} + t \cdot \begin{pmatrix} -2 \\ 3 \\ 0 \end{pmatrix}$, $t \in \mathbb{R}$.

zu 5. Eine mögliche Lösung ist: Die Strecke verläuft durch (2|0|0) und (2|0|5).

Die zugehörige Gerade hat die Gleichung $\vec{x} = \begin{pmatrix} 2 \\ 0 \\ 0 \end{pmatrix} + t \cdot \begin{pmatrix} 0 \\ 0 \\ 5 \end{pmatrix}$, $t \in \mathbb{R}$.

> Bei den Aufgaben 4 und 5 ist nicht vorgegeben, ob die zu ziehende Gerade in einer der Koordinatenebenen liegen muss oder nicht. Wäre dies der Fall, lässt sich in der Regel die Geradengleichung einfacher aufstellen. Somit kann hier wieder selbstdifferenzierend vorgegangen werden oder Sie als Lehrer geben zusätzliche Bedingungen für die zu ziehenden Geraden vor.

zu 6. a)

Geradengleichung	Schnittpunkt mit x-y-Ebene	Schnittpunkt mit x-z-Ebene	Schnittpunkt mit y-z-Ebene
$\vec{x} = \begin{pmatrix} 1 \\ 0 \\ 1 \end{pmatrix} + t \cdot \begin{pmatrix} -1 \\ -1 \\ 1 \end{pmatrix}$, $t \in \mathbb{R}$	(2|1|0)	(1|0|1)	(0|-1|2)
$\vec{x} = \begin{pmatrix} -2 \\ -2 \\ 0 \end{pmatrix} + t \cdot \begin{pmatrix} 0 \\ 2 \\ 3 \end{pmatrix}$, $t \in \mathbb{R}$	(-2|-2|0)	(-2|0|3)	existiert nicht, da die Gerade parallel zur y-z-Ebene verläuft

b) Hier sind individuelle Lösungen möglich.

zu 7. Das Oktaeder hat **13** Symmetrieachsen, nämlich 3 entlang der Koordinatenachsen, 4 entlang der Oktanten-Raumdiagonalen und 6 entlang der Flächendiagonalen der Koordinatenebenen.

zu 8. Ist c die Kantenlänge des Oktaeders, so gilt für die begrenzenden Geraden des I. Oktanten:

a) in der x-y-Ebene: $\vec{x} = \begin{pmatrix} c \\ 0 \\ 0 \end{pmatrix} + r \cdot \begin{pmatrix} -c \\ c \\ 0 \end{pmatrix}$, $t \in \mathbb{R}$

in der x-z-Ebene: $\vec{x} = \begin{pmatrix} c \\ 0 \\ 0 \end{pmatrix} + s \cdot \begin{pmatrix} -c \\ 0 \\ c \end{pmatrix}$, $t \in \mathbb{R}$

in der y-z-Ebene: $\vec{x} = \begin{pmatrix} 0 \\ c \\ 0 \end{pmatrix} + t \cdot \begin{pmatrix} 0 \\ -c \\ c \end{pmatrix}$, $t \in \mathbb{R}$

Für die anderen Oktanten variieren dann entsprechend die Vorzeichen von c.

b) begrenzende Ebene: $x + y + z = c$

zu 9. a) Diese Ebene ist senkrecht zur x-y-Ebene und schneidet diese in der Geraden $y = -x$.

b) Hier handelt es sich um die Ebene von a), verschoben um 2 Einheiten in x-Richtung.

Dreidimensionales Koordinatensystem (1/3)

Das brauchst du:

- ✓ 6 quadratische Blätter (3 Farben à 2 Blätter)
- ✓ Nadel und Faden
- ✓ Zahnstocher

Vorbereitung

Nimm eines der Blätter und falte die Mittellinien, wende das Blatt und falte dann die Diagonalen. Wende das Blatt erneut und falte es schließlich entlang der Faltlinien zu einer Spitze zusammen. Wiederhole dies mit den fünf anderen Blättern.

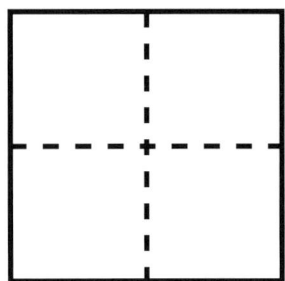 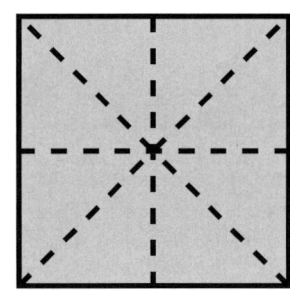 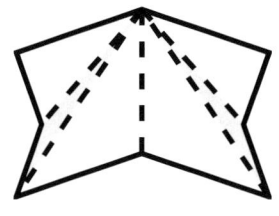 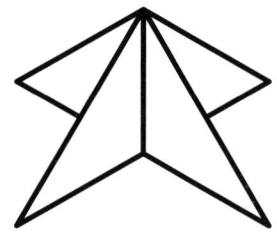

Stecke nun die sechs Spitzen entsprechend den Abbildungen ineinander.

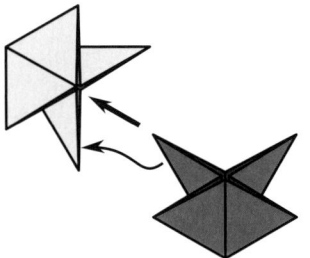 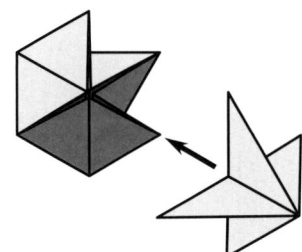 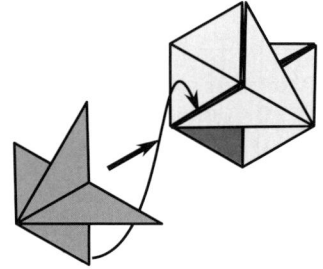

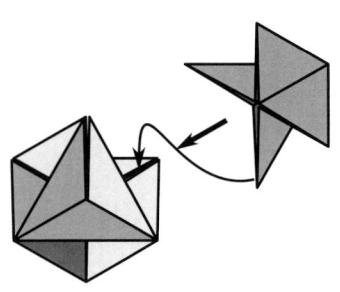  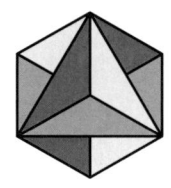

Mathe verstehen durch Papierfalten © Verlag an der Ruhr | Autoren: Etzold, Petzschler | ISBN 978-3-8346-2626-4 | www.verlagruhr.de

Dreidimensionales Koordinatensystem (2/3)

Aufgaben

1. Die erhaltene Figur ist ein Oktaeder. Diesen kannst du als Koordinatensystem auffassen. Ergänze in deiner Faltfigur die Achsen inkl. Beschriftung und Einteilung.

2. Welche Farben haben deine Ebenen?

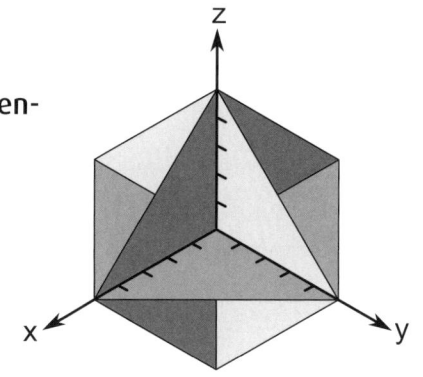

Ebene	x-y-Ebene	x-z-Ebene	y-z-Ebene
Farbe	○	○	○

3. Spanne mit Nadel und Faden eine Strecke von (2|0|0) nach (0|3|0). Gib die Gleichung der Geraden g an, auf der diese Strecke liegt.

   g: ....

4. Spanne mit Nadel und Faden eine beliebige Strecke, die parallel zu g liegt.

   Die Strecke verläuft durch (......|......|......) und (......|......|......).

   Die zugehörige Gerade hat die Gleichung ....

5. Stecke mit dem Zahnstocher eine Strecke, die senkrecht zu g liegt.

   Die Strecke verläuft durch (......|......|......) und (......|......|......).

   Die zugehörige Gerade hat die Gleichung ....

6. a) Spanne mit Nadel und Faden folgende Geraden und gib, wenn möglich, ihre Schnittpunkte mit den Koordinatenebenen an.

Geradengleichung	Schnittpunkt mit x-y-Ebene	Schnittpunkt mit x-z-Ebene	Schnittpunkt mit y-z-Ebene
$\vec{x} = \begin{pmatrix} 1 \\ 0 \\ 1 \end{pmatrix} + t \cdot \begin{pmatrix} -1 \\ -1 \\ 1 \end{pmatrix}, t \in \mathbb{R}$	(......|......|......)	(......|......|......)	(......|......|......)
$\vec{x} = \begin{pmatrix} -2 \\ -2 \\ 0 \end{pmatrix} + t \cdot \begin{pmatrix} 0 \\ 2 \\ 3 \end{pmatrix}, t \in \mathbb{R}$	(......|......|......)	(......|......|......)	(......|......|......)

b) Überlege dir selbst eine Geradengleichung und lasse deinen Nachbarn die Aufgabe lösen.

Geradengleichung	Schnittpunkt mit x-y-Ebene	Schnittpunkt mit x-z-Ebene	Schnittpunkt mit y-z-Ebene
	(......|......|......)	(......|......|......)	(......|......|......)

Dreidimensionales Koordinatensystem (3/3)

7. Untersuche (mit Nadel und Faden), wie viele Symmetrieachsen das Oktaeder hat.

   Der Oktaeder hat .... Symmetrieachsen.

8. Das Oktanten deines Koordinatensystems werden jeweils durch drei Geraden begrenzt. Diese wiederum spannen eine Ebene auf (siehe folgende Abbildungen am Beispiel des 2. Oktanten), die du z. B. mit einem Stück Papier veranschaulichen kannst.

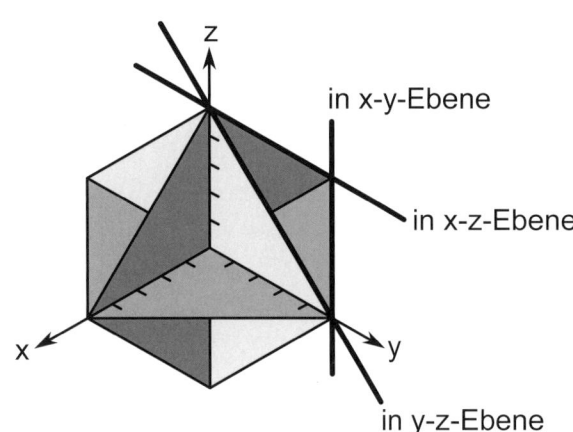

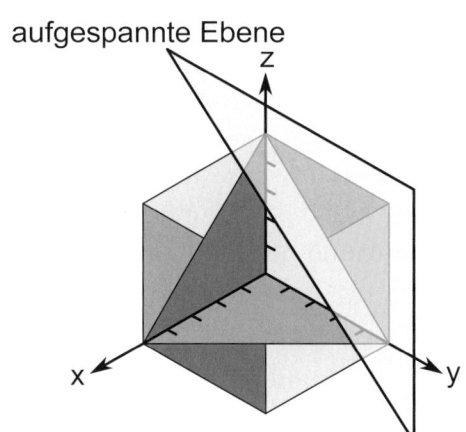

   Lege fest, welchen Oktanten du genauer betrachten möchtest.

   Ich betrachte den .... Oktanten.

   a) Die begrenzenden Geraden haben folgende Gleichungen:

   in der x-y-Ebene: ....

   in der x-z-Ebene: ....

   in der y-z-Ebene: ....

   b) Für die Gleichung der aufgespannten Ebene gilt:

9. Veranschauliche dir mithilfe eines Stücks Papier folgende Ebenen und beschreibe deren Lage:

   a) $x + y = 0$ ....

   b) $x + y = 2$ ....

Leitidee
Daten und Zufall

Wahrscheinlichkeiten mit dem Flugschreiber

Leitidee Daten und Zufall

Klasse: 5/6
Material: quadratische Blätter

Didaktische Hinweise

Mit dieser Falteinheit können die Schüler nicht nur **Daten auswerten,** sondern diese auch vorher **selbst erzeugen**. So werden durch die verschiedenen Versuchsausgänge **Grundideen zu Wahrscheinlichkeiten** entwickelt.

Lösungen und methodische Tipps

zu 1. Bei der Erklärung sollten die Schüler schon intuitiv Wahrscheinlichkeiten bzw. Chancen nutzen. So kann z. B. eine gleiche Schätzung für rechts und links mit der symmetrischen Anordnung erklärt werden.

zu 2. a) Zur Orientierung geben wir Ihnen hier unsere eigenen Messungen an.

oben liegende Seite	Strichliste	absolute Häufigkeit für tatsächliche Landungen
links	ЖЖ ||	12
rechts	Ж ||	7
unten			1

b) Hier sollten die Schüler auf den Begriff des Zufalls eingehen. Auch könnten „Baumängel", also bspw. ein asymmetrisch gefalteter Flieger als Begründung herangezogen werden. Unserer Erfahrung nach ist es sogar sehr wahrscheinlich, dass der Flieger auf einer Seite bevorzugt landet. Dies rechnet sich jedoch bei Aufgabe 4 „wieder raus".

zu 3. a) Mit der relativen Häufigkeit als Quotient aus absoluter Häufigkeit und Anzahl der Versuche, also $h = \frac{H}{n}$, erhalten wir: $h_l = 0{,}6$; $h_r = 0{,}35$; $h_u = 0{,}05$

b) Es ist $h_l + h_r + h_u = 1$, da dies alle drei möglichen Ergebnisse des Versuchs beschreibt.

zu 4. Unsere Werte sind:

oben liegende Seite	20		40		60		80		100		200		400	
	H	h	H	h	H	h	H	h	H	h	H	h	H	h
links	12	0,6	21	0,53	27	0,45	37	0,46	48	0,48	100	0,5	180	0,45

Mathe verstehen durch Papierfalten

Wahrscheinlichkeiten mit dem Flugschreiber

Leitidee Daten und Zufall

Je nach Klassensituation bietet es sich hier auch an, die Ergebnisse an der Tafel oder einer Folie zu sammeln und dann für alle Schüler gleichzeitig zur Verfügung zu stellen.

Das konkrete Aufstellen der Tabelle fällt vielen Schülern schwer und könnte daher stärker gesteuert ablaufen.

zu 5. a) Mit den Werten von oben erhält man folgendes Diagramm:

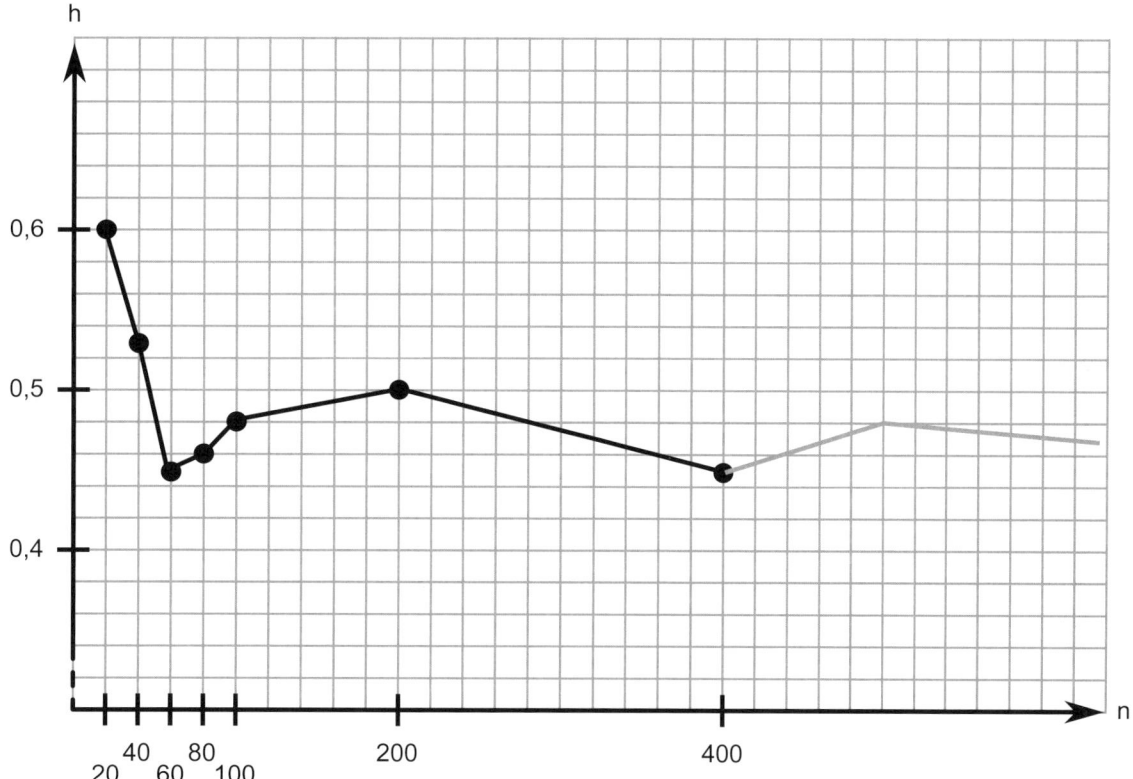

b) Es ist erkennbar (zumindest in Ansätzen), dass sich die Kurve immer näher einem festen Wert (der Wahrscheinlichkeit) annähert.

c) Dies ist der Fall, da sich bei einer großen Anzahl an Versuchen der Zufall „stabilisiert" und Ausreißer keinen so großen Einfluss mehr haben.

d) Für größere n müsste der Graph immer weniger „pendeln" und sich konstant der (noch unbekannten) Wahrscheinlichkeit für die entsprechende Seite annähern (s. o. Fortführung des Graphen in grau).

An dieser Stelle möchten wir erwähnen, dass man das empirische Gesetz der großen Zahlen, welches diese Aufgabe verdeutlichen soll, nur annähernd nachweisen kann, da jeder Schüler einen anderen Flieger hat und damit die Wahrscheinlichkeiten bei diesen nicht gleich sind. Wird im Vorhinein darauf geachtet, dass die Flieger möglichst einheitlich gefaltet werden, könnte diese Ungenauigkeit ggf. verringert werden.

Ein weiterer Schritt für leistungsstärkere Schüler ist, auch die Graphen für die anderen beiden Seiten einzuzeichnen und daran bspw. zu überprüfen, ob links und rechts tatsächlich gleichwahrscheinlich sind. Auch könnte untersucht werden, ob Links- oder Rechtshänder darauf einen Einfluss haben.

Mathe verstehen durch Papierfalten

Wahrscheinlichkeiten mit dem Flugschreiber (1/2)

Das brauchst du:

✓ quadratisches Blatt

Vorbereitung

Falte einen Papierflieger wie in der Abbildung rechts. Beschrifte die Flügel mit „links" und „rechts" sowie die Unterseite des Fliegers mit „unten".

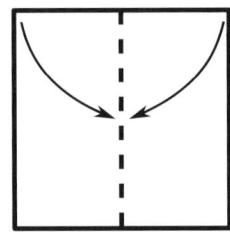 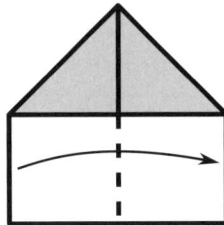 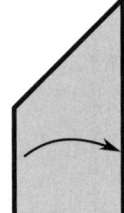 

Aufgaben

1. Stelle dir vor, du lässt den Flieger 20-mal fliegen. Wie oft, schätzt du, landet er jeweils mit den beschrifteten Seiten nach oben?

   links liegt oben: ....-mal

   rechts liegt oben: ....-mal

   unten liegt oben: ....-mal

   Erkläre, wie du zu dieser Schätzung kommst.

   ....

   ....

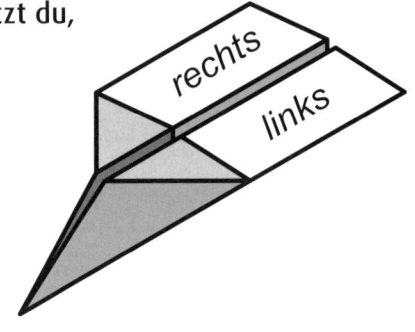

2. a) Lasse den Flieger nun tatsächlich 20-mal fliegen und fülle die Tabelle aus.

oben liegende Seite	Strichliste	absolute Häufigkeit für tatsächliche Landungen
links		
rechts		
unten		

   b) Erkläre, warum die Werte so stark von deiner Schätzung abweichen können.

   ....

   ....

Wahrscheinlichkeiten mit dem Flugschreiber (2/2)

3. a) Bestimme die relativen Häufigkeiten der einzelnen Landungen.

   links: h_l = ...   *rechts:* h_r = ...   *unten:* h_u = ...

   b) Bilde die Summe der drei relativen Häufigkeiten und erkläre das Ergebnis.

   $h_l + h_r + h_u$ = ...   Erklärung: ....

   ....

4. Wähle eine Seite des Fliegers aus und sammle von deinen Mitschülern Daten, sodass ihr 20, 40, 60, 80, 100, 200, 400 Flüge auswerten könnt. Bestimme jeweils die absolute Häufigkeit H und relative Häufigkeit h der Landungen auf der von dir gewählten Seite.

oben liegende Seite	20		40		60		80		100		200		400	
	H	h	H	h	H	h	H	h	H	h	H	h	H	h

5. a) Stelle die relative Häufigkeit h in Abhängigkeit der Anzahl der Flüge n in dem Diagramm dar.

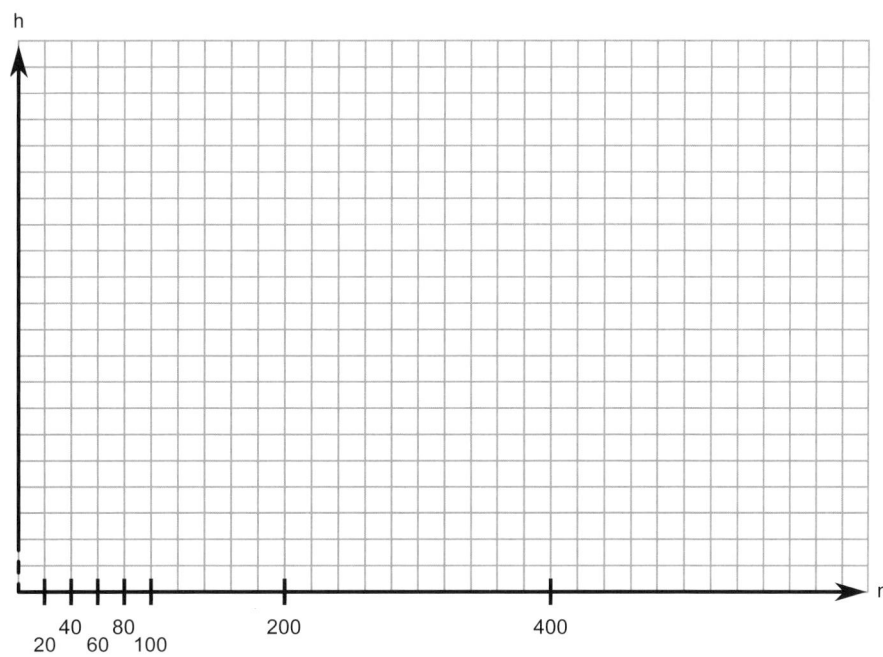

   b) Beschreibe den Verlauf des Graphen.

   ....

   c) Finde eine Begründung für den Verlauf des Graphen.

   ....

   d) Stelle eine Vermutung auf, wie der Graph bei noch größer werdendem n verlaufen würde. Zeichne dies mit einer anderen Farbe ein.

Leitidee Daten und Zufall

Kreisel

Klasse: 7/8
Material: quadratische Blätter, DIN-A4-Blätter, *Anleitungskarte „Kreisel"*

Didaktische Hinweise

Diese Falteinheit bietet die Möglichkeit, **geometrische Wahrscheinlichkeiten** zu untersuchen. Dabei werden einerseits „Spielpläne" ausgewertet, andererseits auch selbst welche anhand von vorgegebenen Wahrscheinlichkeitsverteilungen erstellt.

Lösungen und methodische Tipps

Für die Durchführung sollten Sie die Schüler darauf hinweisen, den Kreisel möglichst mittig auf dem Blatt zu drehen. Wenn der Kreisel einmal verrutscht, kann man ihn auch nach dem Kreiseln noch in die Mitte verschieben und dann den entsprechenden Sektor markieren.

zu 1. Folgende Strichlisten sind realistisch, die relativen Häufigkeiten zu Aufgabe 2 sind gleich mit eingetragen.

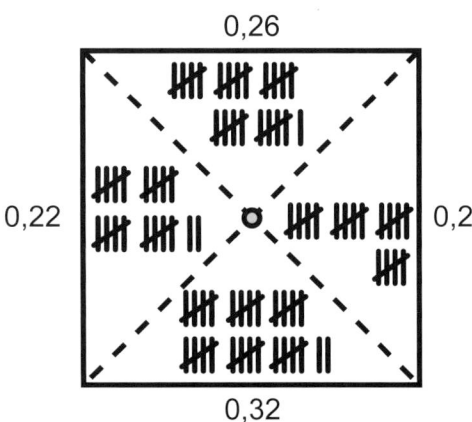

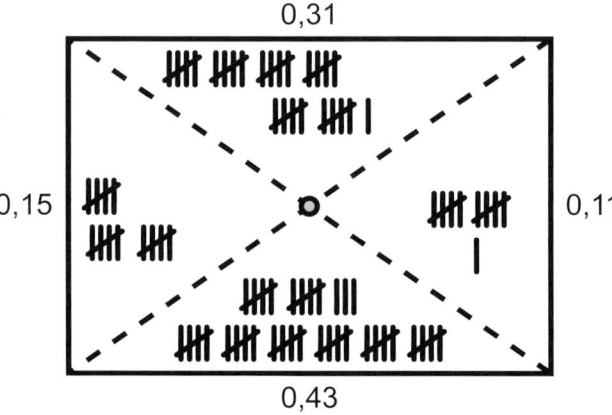

zu 2. Übrigens können die tatsächlichen Wahrscheinlichkeiten auch berechnet werden. So kann man sich in der Mitte des Blattes einen Kreis vorstellen, wobei die verlängerten Radien bis zu den Ecken des Blattes verlaufen. Nun müssen noch die Winkel ermittelt werden, die die einzelnen Kreissektoren haben.

$$\tan\left(\frac{\alpha}{2}\right) = \frac{\frac{a}{2}}{\frac{b}{2}} = \frac{a}{b}$$

Darüber lässt sich der Winkel α aus dem Papierformat berechnen.

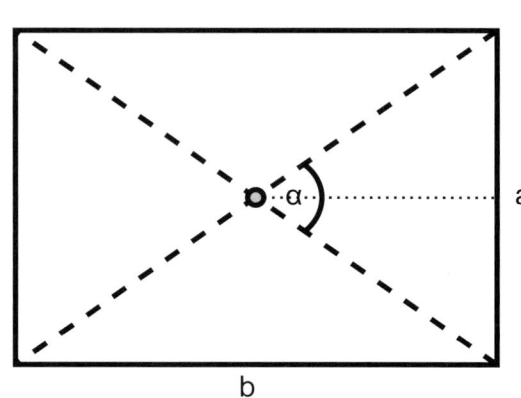

Für die Wahrscheinlichkeit gilt dann:

$$p_\alpha = \frac{\alpha}{360°}$$

Mathe verstehen durch Papierfalten

Kreisel

Leitidee Daten und Zufall

zu 3. Für ein DIN-A4-Blatt erhält man dann rund 20 % für die schmale Seite und demzufolge 30 % für die breite. Beim quadratischen Blatt ist die Wahrscheinlichkeit für alle Seiten gleich, also 25 %.
Der bei Aufgabe 2 vorgestellte Ansatz ist eine mögliche Grundlage, um die Unterschiede zwischen quadratischem und DIN-A4-Blatt zu begründen.

zu 4. Mögliche Figuren, die Sie auch als Kopiervorlage nutzen können, sind unten dargestellt. Dabei ist immer zu beachten, dass der Kreissektor, den die Spitze des Kreisels markiert, den durch die Wahrscheinlichkeit vorgegebenen Anteil am Vollkreis hat.

a) 50 % – 50 %

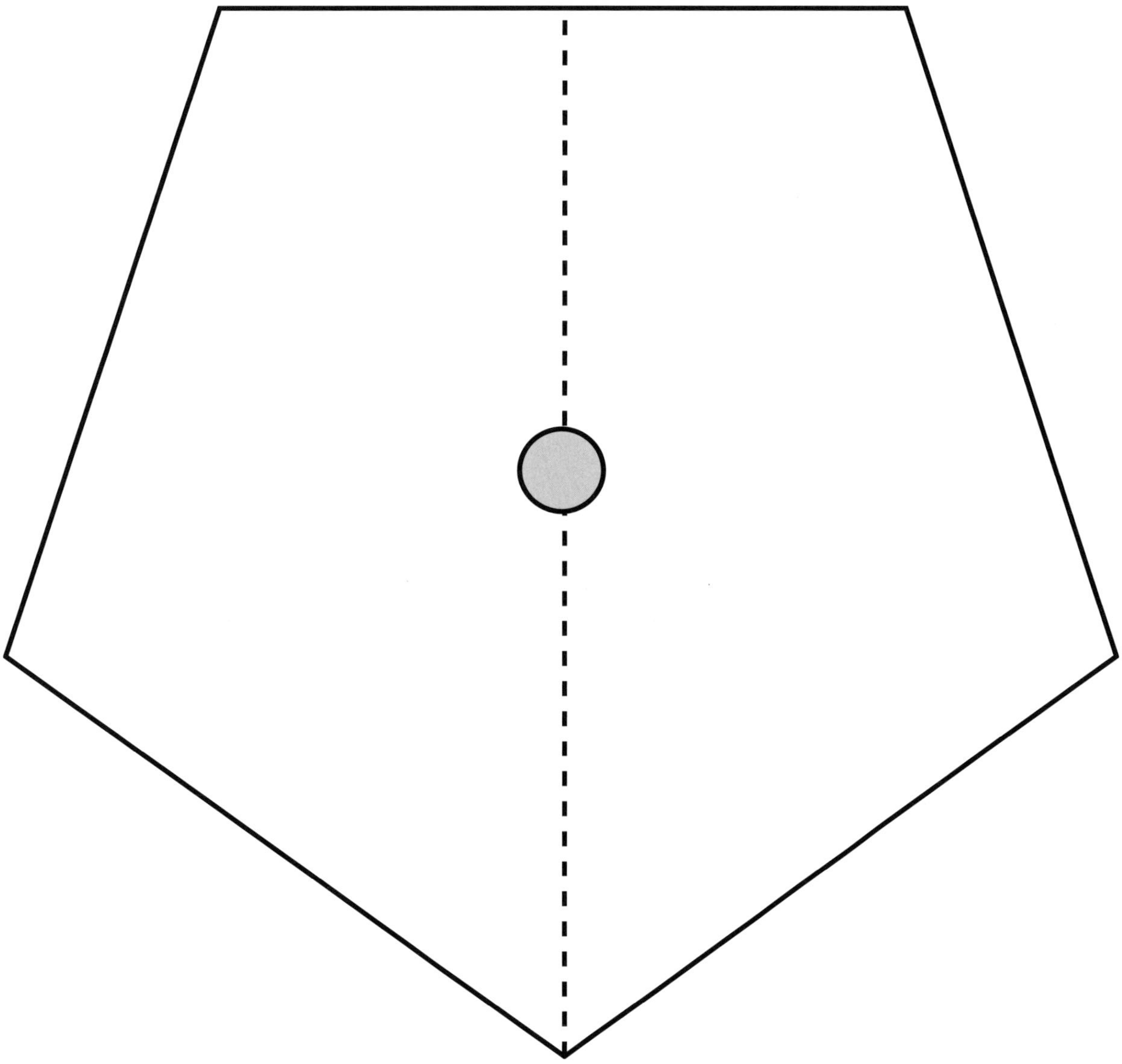

Mathe verstehen durch Papierfalten

Kreisel

b) $33,\overline{3}\,\% - 33,\overline{3}\,\% - 33,\overline{3}\,\%$

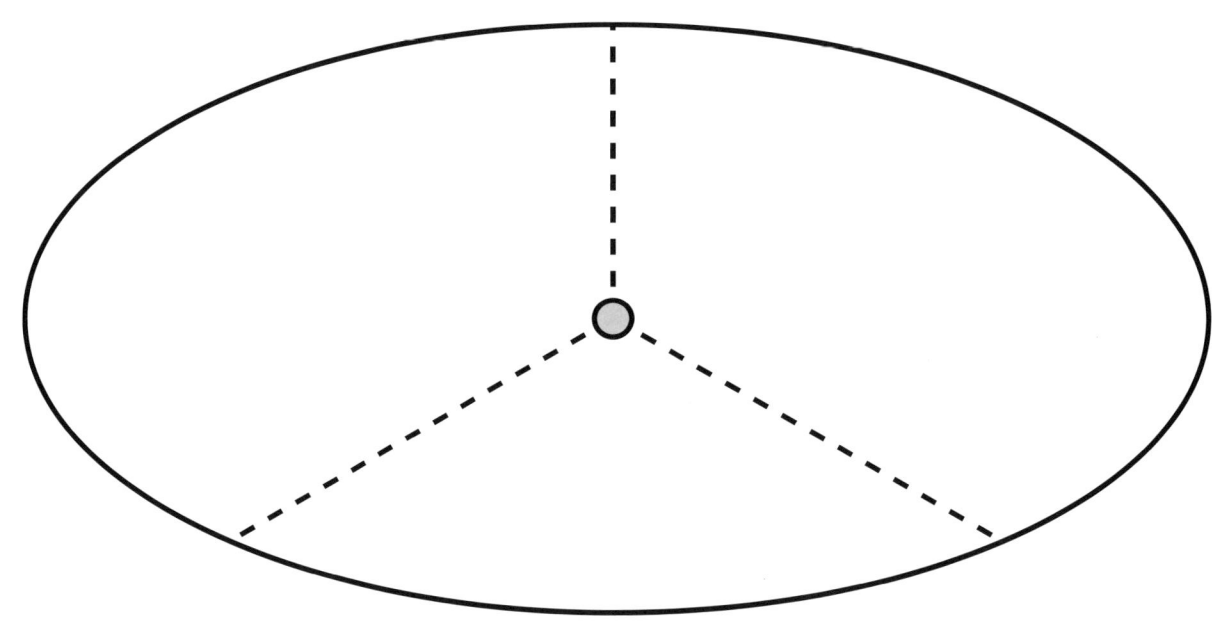

c) $10\,\% - 30\,\% - 60\,\%$

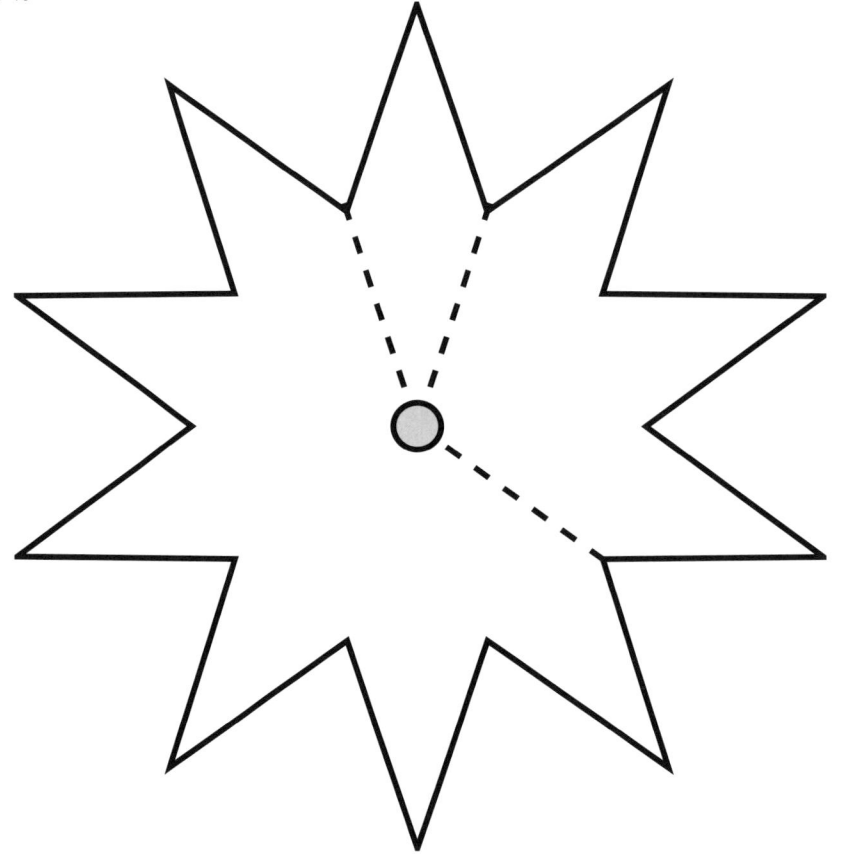

74 Mathe verstehen durch Papierfalten

Kreisel

Das brauchst du:
- ✓ 3 quadratische Blätter
- ✓ 4 DIN-A4-Blätter
- ✓ Anleitungskarte: „Kreisel"

Vorbereitung

Bastle zunächst aus den drei quadratischen Blättern einen Kreisel und markiere eine Spitze. Stelle außerdem aus einem DIN-A4-Blatt ein großes Quadrat her.

Aufgaben

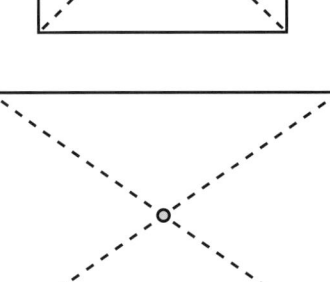

1. Lege das quadratische Blatt oder das DIN-A4-Blatt auf den Tisch. Drehe den Kreisel auf diesem Blatt und markiere mit einem kurzen Strich den Bereich, auf dem die markierte Spitze zum Stehen kommt. Achte darauf, dass der Mittelpunkt des Kreisels immer auf dem markierten Punkt auf dem Blatt liegt!
Führe den Versuch 100-mal durch. Dein Nachbar verwendet für den Versuch das andere Blatt (DIN-A4 oder quadratisch).

2. Notiere in der Abbildung für die einzelnen Bereiche, mit welchen relativen Häufigkeiten sie markiert wurden.

3. Vergleiche deine relativen Häufigkeiten mit denen deines Nachbarn. Beschreibe die Unterschiede zwischen den Ergebnissen auf dem quadratischen und dem DIN-A4-Blatt. Finde auch eine Erklärung für diese Unterschiede.

....

....

....

4. Erfindet selbst Untergründe, bei denen der Kreisel mit folgenden Wahrscheinlichkeitsverteilungen gedreht werden kann. Probiert eure Untergründe auch aus!
   a) 50 % – 50 %
   b) $33,\bar{3}$ % – $33,\bar{3}$ % – $33,\bar{3}$ %
   c) 10 % – 30 % – 60 %

Leitidee Daten und Zufall

Den Goldenen Schnitt erkunden

Klasse: 9/10
Material: DIN-A4-Blätter, Scheren, Taschenrechner

Didaktische Hinweise

Der Goldene Schnitt bietet eine Möglichkeit, **Verbindungen zwischen Mathematik und anderen Wissenschaften**, wie Kunst, Architektur oder auch Biologie, aufzuzeigen.

Bei der Architektur haben sich insbesondere in der Klassik und Renaissance viele Bauwerke am Goldenen Schnitt orientiert, wie z. B. das Pantheon in Athen, die Fassade des Kolosseums in Rom oder auch das Alte Rathaus in Leipzig.
In der Kunst weisen viele Bilder der Renaissance Goldene Proportionen auf, zu sehen z. B. bei der „Mona Lisa" von Leonardo da Vinci. Dieser beschäftigte sich außerdem mit den Idealproportionen des menschlichen Körpers, was er in seinem Werk „Der vitruvianische Mensch" verewigte. Das Bild ist z. B. auch auf jeder Krankenkassenkarte oder auch auf der italienischen 1-€-Münze zu sehen.

© gaggio1980 | Fotolia.com

Das regelmäßige Fünfeck, in dem die Diagonalen im Goldenen Verhältnis geteilt werden, lässt sich z. B. schnell aus einem längeren Streifen Papier „knoten". Interaktive Möglichkeiten, den Goldenen Schnitt zu erkunden, finden Sie auch auf der Seite www.mathe-vital.de der TU München.

Lösungen und methodische Tipps

Neben der auf dem Arbeitsblatt vorgegebenen Information zum Goldenen Schnitt können die Schüler auch Rechercheaufträge erledigen.
Als Anschauungsmaterial zum Goldenen Schnitt können Sie das Bild vom Alten Rathaus in Leipzig verwenden (siehe S. 80), das auch auf dem Arbeitsblatt erwähnt wird.

zu 1. Hier sind individuelle Lösungen möglich.

zu 2. und 3. Beispielwerte sind:

Streifen	Nr. 1	Nr. 2	Nr. 3	Nr. 4	Nr. 5
Verhältnis $\frac{a}{b}$	1,72	1,73	1,59	1,76	1,86

Streifen	Nr. 6	Nr. 7	Nr. 8	Nr. 9	Nr. 10
Verhältnis $\frac{a}{b}$	1,57	1,77	2,19	1,97	1,72

Leitidee Daten und Zufall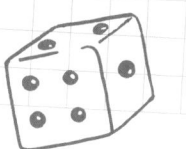

Den Goldenen Schnitt erkunden

zu 4. Für unsere Werte ergeben sich folgende Kenngrößen:

kleinster Wert:	1,57	größter Wert:	2,19
Spannweite:	0,62	Median:	1,75
Modalwert:	1,72	arithmetisches Mittel:	1,79
Varianz:	0,03	Standardabweichung:	0,17

Bei der Berechnung bietet sich die Nutzung digitaler Werkzeuge an.

Die Aufgaben auf der zweiten Seite des Arbeitsblatts lohnen sich nur, wenn die Daten der Schüler effektiv gesammelt werden können. Für den Boxplot von Aufgabe 6 sind bspw. die Daten geordnet notwendig.
Unsere Empfehlung ist, diese Daten mit einem Tabellenkalkulationsprogramm zu sammeln, in das alle Schüler ihre Werte eintragen. Dort können die Werte dann schnell der Größe nach sortiert werden.

zu 5. Idealerweise liegt das arithmetische Mittel nahe am Goldenen Verhältnis 1,618. Dies kann anhand einer kleinen relativen Abweichung nachvollzogen werden.

zu 6. Die Abbildung zeigt den Boxplot der oben angegebenen zehn Werte sowie den Wert für das Goldene Verhältnis.

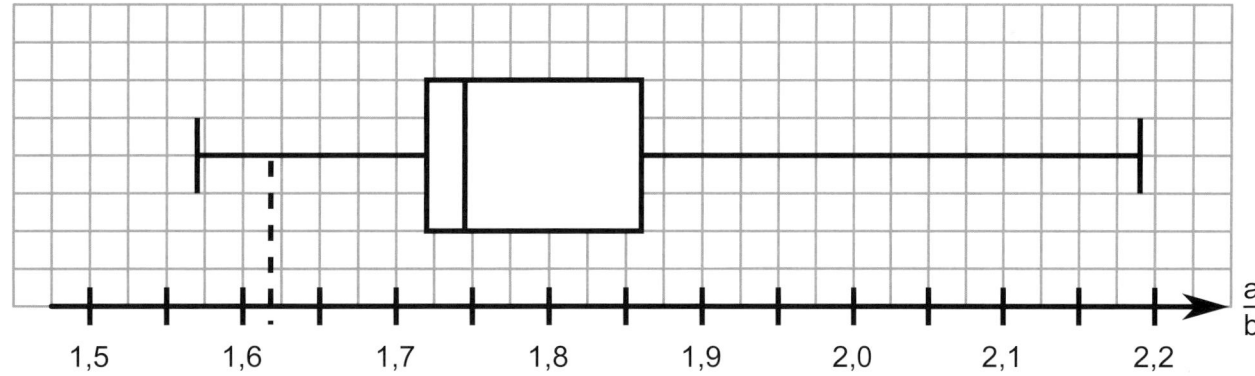

zu 7. Im Boxplot ist schnell erkennbar, in welche Richtung die Faltungen abweichen. Ist der Boxplot rechtslastig, so ist $\frac{a}{b}$ zu groß, d.h. also, die größere Teilstrecke wurde zu groß gewählt (was bei uns der Fall war).
Der minimale Wert für $\frac{a}{b}$ muss 1 sein, ansonsten wurde bei der Berechnung $\frac{a}{b}$ nicht a als größere Teilstrecke gewählt.

Diese Aufgabe ist gut geeignet, Diagramme und ihre Auswertung mit der ursprünglichen Handlung wieder in Verbindung zu bringen.

Mathe verstehen durch Papierfalten

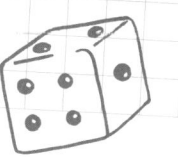

Den Goldenen Schnitt erkunden (1/2)

Das brauchst du:
- ✓ DIN-A4-Blatt
- ✓ Schere
- ✓ Taschenrechner

Vorbereitung

Der Goldene Schnitt ist ein besonderes Teilungsverhältnis, das insbesondere in der Renaissance beliebt war. Eine Strecke x ist im Goldenen Schnitt geteilt, wenn das Verhältnis der Teilstrecken a und b dasselbe ist wie das Verhältnis von x zur größeren Teilstrecke a.

$$\frac{x}{a} = \frac{a}{b}$$

Das Verhältnis beträgt $\frac{a}{b} = \frac{1+\sqrt{5}}{2} \approx 1{,}618$ und wird als besonders harmonisch wahrgenommen. Daher wird der Goldene Schnitt auch in der Architektur genutzt, wie z. B. beim Alten Rathaus in Leipzig.

Aufgaben

1. Stelle aus dem DIN-A4-Blatt fünf verschieden lange Papierstreifen her. Falte dann – ohne zu messen – jeden Streifen möglichst golden, das heißt in einem möglichst harmonischen Verhältnis.

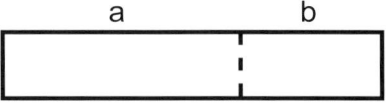

2. Miss nun die einzelnen Teilstrecken und bestimme jeweils das Verhältnis große Strecke a zu kleiner Strecke b auf zwei Dezimalstellen gerundet.

Streifen	Nr. 1	Nr. 2	Nr. 3	Nr. 4	Nr. 5
Verhältnis $\frac{a}{b}$					

3. Notiere dir auch die Werte deines Nachbarn.

Streifen	Nr. 6	Nr. 7	Nr. 8	Nr. 9	Nr. 10
Verhältnis $\frac{a}{b}$					

Den Goldenen Schnitt erkunden (2/2)

4. Bestimme von den zehn Werten folgende Kenngrößen auf zwei Dezimalstellen gerundet:

   kleinster Wert: .... größter Wert: ....

   Spannweite: .... Median: ....

   Modalwert: .... arithmetisches Mittel: ....

   Varianz: .... Standardabweichung: ....

5. a) Sammelt alle Verhältnis-Werte von Aufgabe 2 aus eurer Klasse und bestimmt:

   arithmetisches Mittel: ....

   absolute Abweichung zum Goldenen Verhältnis: ....

   relative Abweichung zum Goldenen Verhältnis: .... = ... %

   b) Würdest du die relative Abweichung des arithmetischen Mittels vom Goldenen Verhältnis als groß oder klein bezeichnen? Woran könnte das liegen?

   ....

   ....

6. a) Zeichne zu allen Werten aus deiner Klasse einen Boxplot. Vergiss nicht, die Achse sinnvoll einzuteilen.

   $\dfrac{a}{b}$

   b) Zeichne zusätzlich in den Boxplot den Wert für das Goldene Verhältnis ein.

7. Beschreibe den Zusammenhang zwischen dem Boxplot und den durchgeführten Faltungen in deiner Klasse. In welcher Richtung lagen eure Abweichungen vom Goldenen Verhältnis?

   ....

   ....

   ....

   ....

Den Goldenen Schnitt erkunden – ein Beispiel

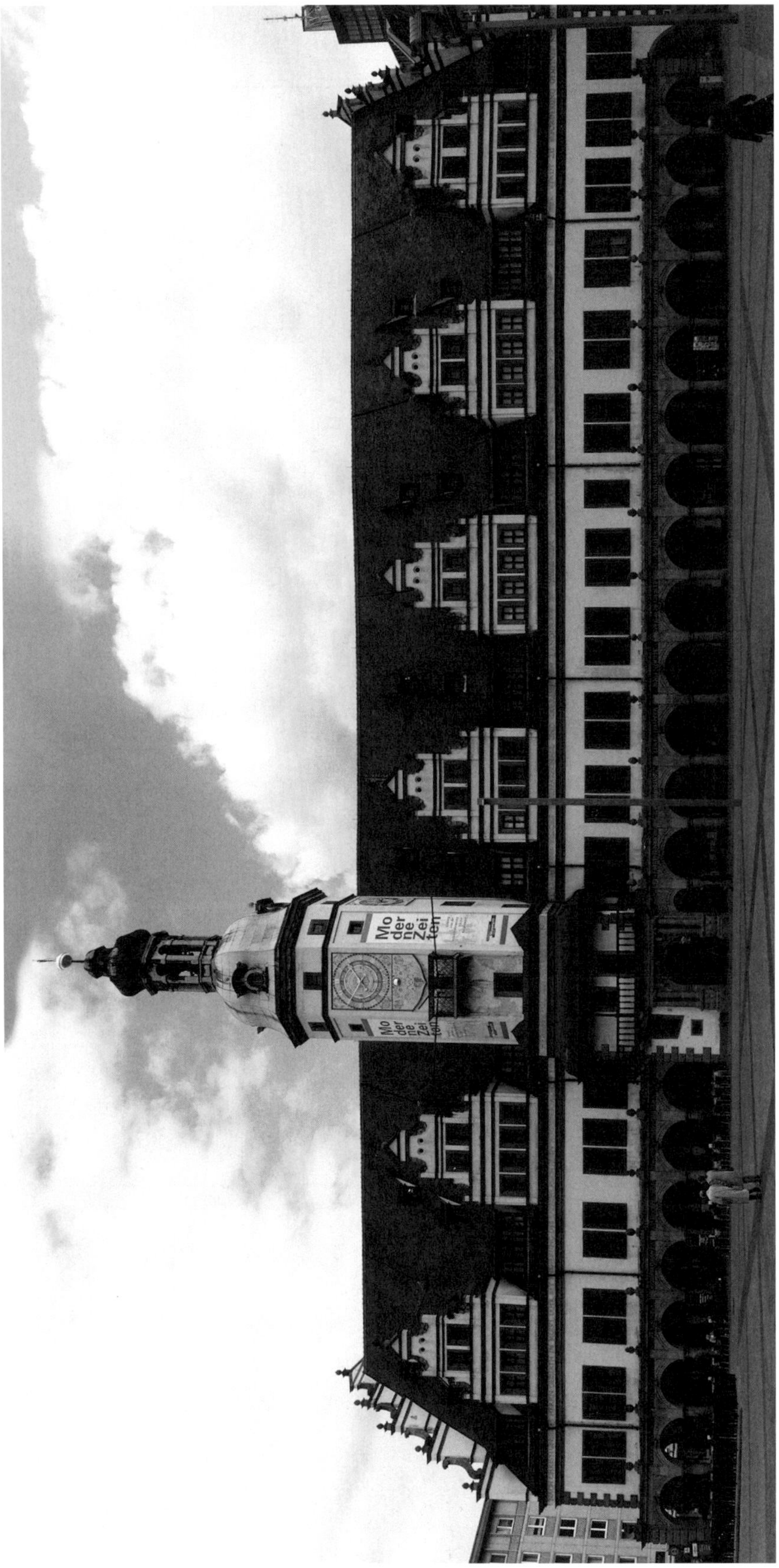

Das alte Rathaus in Leipzig © Heiko Etzold

Leitidee
Raum und Form

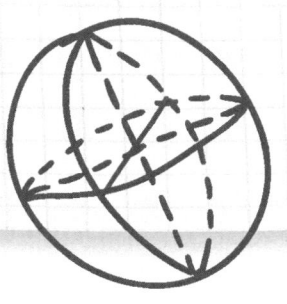

Quadrat falten

Klasse: 5/6
Material: DIN-A4-Blätter, ggf. *Anleitungskarte* „Senkrechte, Parallele und Quadrat"

Didaktische Hinweise

Mit dieser Falteinheit sollen Grundhandlungen, nämlich das Falten von **Senkrechten** und **Parallelen**, geübt werden.
Dass das DIN-A4-Blatt vorher in ein „krummes" Blatt verwandelt wird, verhindert die Verführungen, sich am Papierrand zu orientieren, wie es bei rechteckigen Blättern häufig zu beobachten ist.

Lösungen und methodische Tipps

Die Anleitungskarte auf S. 10 bietet eine gestufte Hilfe für das Falten von Senkrechten, Parallelen und letztlich dem Quadrat. (⇨Kasten)

zu 1. Die Anleitungskarte „Senkrechte, Parallele und Quadrat" stellt das Vorgehen dar.

zu 2. Die Seiten sind **gleich lang** und stehen **senkrecht zueinander**.
Die Diagonalen sind **gleich lang** und stehen **senkrecht zueinander**.

> Wir haben die Anleitungskarte auf dem Schülerarbeitsblatt bewusst nicht als Material angegeben, um Ihnen Differenzierungsmöglichkeiten zu geben.

zu 3. Die Abbildungen zeigen einen möglichen Faltvorgang.

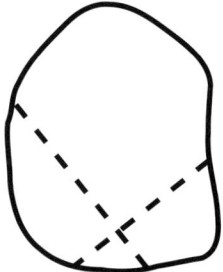  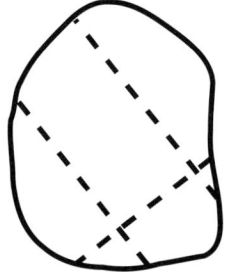 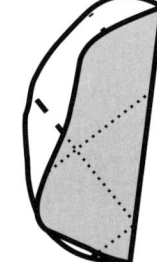 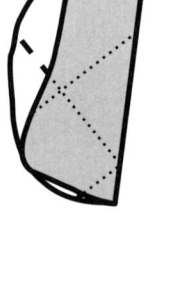

 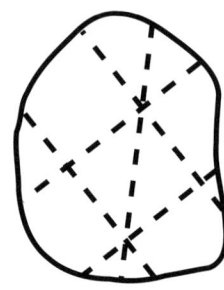

zu 4. Insgesamt sind 8 rechte Winkel markiert: 4 Ecken des Quadrates und die 4 Winkel durch die sich schneidenden Diagonalen.

zu 5. Es gibt 8 Dreiecke, jeweils 4 dergleichen Sorte, also insgesamt 2 verschiedene.

zu 6. Es muss darauf geachtet werden, dass eine Parallele entsteht, wenn man die Senkrechte zu einer Senkrechten faltet.
Faltet man bspw. den Eckpunkt des Quadrates auf die Mitte, so liegen die Abschnitte der anderen Diagonale beim Falten übereinander, man erzeugt also zu ihr eine Senkrechte, die dann parallel zur ersten Diagonalen ist.

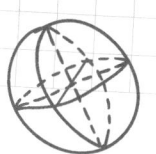

Quadrat falten

Das brauchst du:

✓ DIN-A4-Blatt

Vorbereitung

Reiße von dem DIN-A4-Blatt Teile ab, sodass du ein möglichst unregelmäßiges Blatt Papier ohne gerade Kanten erhältst.

Aufgaben

1. Falte zwei zueinander senkrechte Linien. Beschreibe dein Vorgehen.

   ....

   ....

   ....

2. Bevor du nun ein Quadrat falten wirst, sollst du noch einige Überlegungen zu Längen und Lagebeziehungen anstellen: Welche Eigenschaften besitzt ein Quadrat?

   Die Seiten sind .... und stehen ....

   Die Diagonalen sind .... und stehen ....

3. Falte nun das Quadrat. Skizziere in der Abbildung rechts deine Faltlinien und nummeriere sie in der Reihenfolge ihrer Entstehung.

4. Falte die zweite Diagonale und markiere alle rechten Winkel auf deinem Faltblatt.

5. Wie viele Dreiecke erkennst du in deinem gefalteten Quadrat?

   Ich erkenne .... Dreiecke, wobei es nur .... verschiedene sind.

6. a) Wähle eine Diagonale aus und falte mindestens eine zu ihr parallele Linie.
   b) Beschreibe dein Vorgehen.

   ....

   ....

   c) Begründe, warum die gefaltete Linie tatsächlich parallel zur Diagonalen ist.

   ....

   ....

Winkel und Figuren

Klasse: 5/6
Material: DIN-A4-Blätter, *Anleitungskarte* „Gleichseitiges Dreieck aus einem DIN-A4-Blatt", farbige Stifte

Didaktische Hinweise

Diese Falteinheit bietet sich zur Festigung von **Winkeln an geschnittenen Parallelen** an. Nach dem Falten einer einfachen Figur treten bestimmte Winkel immer wieder auf, was bei den Schülern zu Überraschungen und ggf. der Frage nach dem „Warum ist das so?" führen kann. Vielfältige Argumentationsmöglichkeiten bieten sich auch im Zusammenhang mit den Winkeln im **gleichseitigen Dreieck** an, wobei z. B. auch auf die **Innenwinkelsumme in Dreiecken** zurückgegriffen werden kann.

> Nicht unbedingt wird jeder Schüler alle 60°-Winkel (Aufgabe 3) oder alle gleichseitigen Dreiecke (Aufgabe 4) finden. Dennoch wird jeder Schüler durch das Finden einiger Winkel bzw. Figuren Erfolgserlebnisse haben und kann dann im Austausch mit den Mitschülern seine Darstellungen ergänzen.

Lösungen und methodische Tipps (⇨Kasten)

zu 1. Verhältnis: **1:2**. Dies lässt sich gut erkennen, wenn man die drei Parallelen wie in der rechts stehenden Abbildung faltet.

zu 2. α = 30°

zu 3. Hier sind individuelle Lösungen möglich.

zu 4. Hat man bei Aufgabe 1 die Parallelen gefaltet, so sind 6 gleichseitige Dreiecke zu erkennen.

zu 5. Betrachtet man keine „linienübergreifenden Winkel", so gibt es nur 30°-, 60°-, 90°- und 120°-Winkel.

zu 6. Die Begründungen verlangen in der Regel die Betrachtungen von Stufen- und Wechselwinkeln an geschnittenen Parallelen sowie von Scheitel- und Nebenwinkeln.

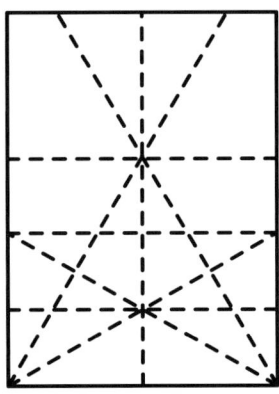

> Aufgrund der Partnerarbeit sind hier selbstdifferenzierende Unterrichtsphasen möglich. Es könnten auch vom Lehrer (nicht so leicht ersichtliche) Winkel vorgegeben werden, deren Gleichheit dann von den Schülern begründet werden muss (siehe Beispiel in der Abbildung rechts).

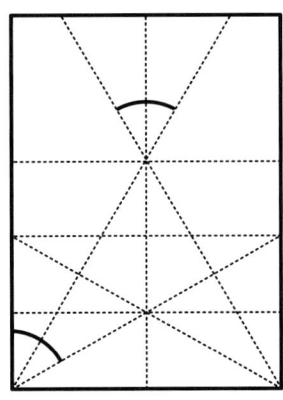

Mathe verstehen durch Papierfalten

Winkel und Figuren

Leitidee Raum und Form

Das brauchst du:

✓ DIN-A4-Blatt
✓ farbige Stifte
✓ Anleitungskarte:
„Gleichseitiges Dreieck aus einem DIN-A4-Blatt"

Vorbereitung

Falte ein gleichseitiges Dreieck (Schritte (a) bis (f) auf der Anleitungskarte).

Aufgaben

1. In welchem Verhältnis teilt der Punkt S die Höhe des gleichseitigen Dreiecks ABC? Überprüfe deine Vermutung durch Falten.

   Verhältnis: .... : ....

2. Wie groß ist der Winkel α? Falte wieder, um es herauszufinden.

   α = ...

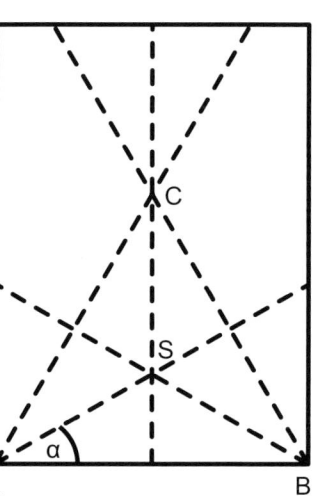

3. Markiere auf deinem Faltblatt alle 60°-Winkel in derselben Farbe.

4. Zähle, wie viele gleichseitige Dreiecke du auf deinem Faltblatt siehst.   Anzahl: ....

5. Findest du weitere Winkel, die häufig auftreten? Markiere auch diese mit einer einheitlichen Farbe. Notiere sie in der Tabelle.

Winkel	60°	..........°	..........°	..........°
Farbe	○	○	○	○

6. Tippe auf zwei gleich große Winkel. Dein Nachbar begründet, warum diese die gleiche Größe haben. Denkt dabei z. B. an besondere Winkel!

7. Welche geometrischen Figuren findest du noch auf dem Faltblatt? Zeichne möglichst viele in die Abbildungen ein und gib ihre Namen an. Vielleicht findest du ja sogar den Stern, der sich versteckt hat?

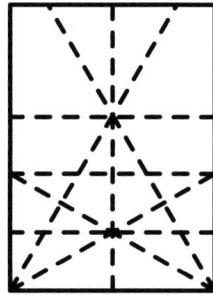 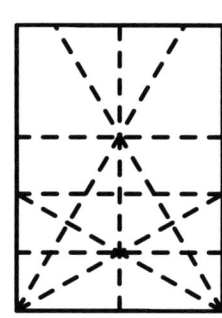 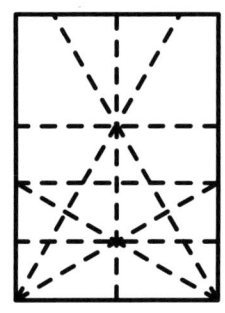 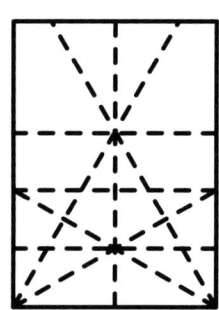

....

Kreisrund

Klasse: 7/8
Material: Kreispapier

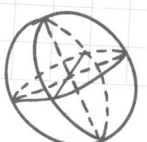

Didaktische Hinweise

Diese Falteinheit bietet zwei Erkenntnisse: Erstens wird der Satz, dass der **Schnitt der Mittelsenkrechten zweier Sehnen** zum **Mittelpunkt des Kreises** führt, anschaulich verständlich. Sobald man eine Sehne nach hinten faltet, sieht man quasi die symmetrische Figur und kommt zum Durchmesser. Andererseits kann zwischen diesem Satz und dem Satz über den **Umkreismittelpunkt** ein Bezug hergestellt und durch die Falthandlung erkannt werden, dass beides letztlich nach demselben Prinzip funktioniert. Als Lernvoraussetzung muss den Schülern bekannt sein, wie der Umkreis eines Dreiecks konstruiert wird. Das Kreispapier sollte nicht per Hand ausgeschnitten werden, da diese Ungenauigkeiten beim Falten stark ins Gewicht fallen. Kreisrundes Papier aus Moderatorenkoffern ist wiederum zu dick zum Falten. Wir empfehlen daher, die Kreise mithilfe von Kreisausschneidern selbst aus dünnem Papier herzustellen.

Lösungen und methodische Tipps

zu 1. Die Symmetrieachse muss (aufgrund der Symmetrie) durch den **Mittelpunkt** des Kreises verlaufen, also ist sie der **Durchmesser** des Kreises.

zu 2. Beide Symmetrieachsen verlaufen durch den **Mittelpunkt**, also treffen sie sich auch dort.
Die Faltung lässt sich natürlich auch einfacher realisieren: Hat man einen ausgeschnittenen Kreis, so lassen sich schnell mehrere Durchmesser durch symmetrisches Falten bestimmen. Dieses Vorgehen funktioniert jedoch nur bei ausgeschnittenen Kreisen und nicht, wenn der Kreis auf Papier gezeichnet ist. Dies könnten Sie auch im Unterricht thematisieren.

zu 3.

	Konstruktionsschritte	Faltschritte
Schritt 1	Mittelsenkrechte von $\overline{AB}$	Falte A auf B
Schritt 2	Mittelsenkrechte von $\overline{AC}$	Falte A auf C
Schritt 3	Mittelsenkrechte von $\overline{BC}$	Falte B auf C
Schritt 4	Schnittpunkt der Mittelsenkrechten = Umkreismittelpunkt	Schnittpunkt der Faltlinien = Umkreismittelpunkt

Die Schüler können auch verschiedene Dreiecksarten erzeugen und abhängig davon die Lage des Umkreismittelpunktes untersuchen.

zu 4. Es sind nur zwei Mittelsenkrechten bzw. Faltlinien nötig, da diese bereits durch den Mittelpunkt verlaufen. Die dritte kann zur Kontrolle dienen, ob exakt gezeichnet/gefaltet wurde. Auch kann hier erkannt werden, dass Falten manchmal sogar leichter fällt und genauere Ergebnisse liefert als Konstruieren!

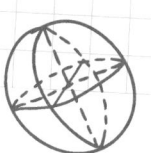

Kreisrund

Das brauchst du:
✓ 2 Blätter Kreispapier

Vorbereitung

Falte zunächst eine Sehne des Kreises. Es entsteht eine achsensymmetrische Figur.

Aufgaben

1. Falte die Symmetrieachse dieser Figur.
   Durch welchen besonderen Punkt des Kreises verläuft die Symmetrieachse?

   ....

   Welche besondere Linie des Kreises ist sie dann? ....

2. Wiederhole die Faltungen mit einer anderen Sehne des Kreises.

   Die beiden Symmetrieachsen schneiden sich im .... des Kreises.

3. a) Nimm einen neuen Kreis. Markiere auf dem Rand des Kreises drei Punkte A, B, C und falte das Dreieck ABC.
   b) Konstruiere auf deinem Faltblatt den Umkreismittelpunkt des Dreiecks ABC. Notiere deine Konstruktionsschritte in der linken Tabellenspalte.

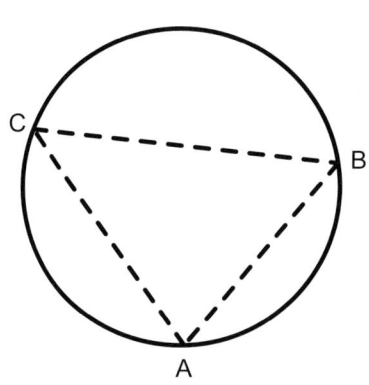

	Konstruktionsschritte	Faltschritte
Schritt 1		
Schritt 2		
Schritt 3		
Schritt 4		

4. Falte nun die konstruierten Linien und schreibe jeweils in die rechte Tabellenspalte, wie sie entstehen.

5. Begründe, warum es auch reichen würde, nur zwei Symmetrieachsen zu falten, um den Umkreismittelpunkt zu finden.

....

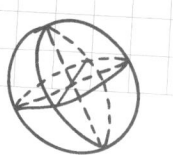

Satz des Thales

Klasse: 7/8
Material: Kreispapier, farbige Stifte

Didaktische Hinweise

Diese Falteinheit dient dazu, die **Beweisidee vom Satz des Thales** schnell erkennbar zu machen. Durch die geführte Fragestellung können die Schüler die einzelnen Schritte des Beweises nachvollziehen und wesentliche mathematische Erkenntnisse eigenständig formulieren.

Lösungen und methodische Tipps

Beim Falten der Seiten bietet es sich an, ein Lineal anzulegen, damit die ggf. schmalen Kanten gut gefaltet werden können.

zu 1. Das Dreieck ACD ist ein **rechtwinkliges** Dreieck.

zu 2. Die Dreiecke AMD und MCD sind gleichschenklig, da jeweils zwei Dreiecksseiten dem Radius des Kreises entsprechen.

zu 3. Die Winkel sind bereits in der Abbildung rechts beschriftet.

zu 4. $\alpha + \gamma + \gamma + \alpha = 180° \Rightarrow 2\alpha + 2\gamma = 180°$
Daraus folgt, dass der Winkel $\sphericalangle$ ADC 90° beträgt.

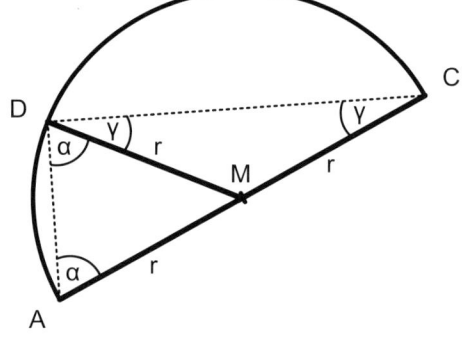

zu 5. Hierfür sind natürlich mehrere Formulierungen möglich, z. B.:
- Ist ACD ein Dreieck, wobei $\overline{AC}$ Durchmesser eines Kreises ist und D auf dem Kreis liegt, so beträgt der Winkel $\sphericalangle$ ADC 90°.
- Jeder Peripheriewinkel über dem Durchmesser eines Kreises beträgt 90°.

Durch die Faltung kann auch schnell erkannt werden, dass das Viereck ABCD ein Rechteck ist. Die Begründung für jeden rechten Winkel ist möglich, indem entlang einer Diagonalen gefaltet wird. So entsteht wieder die oben beschriebene Thales-Figur und der rechte Winkel ist begründbar.

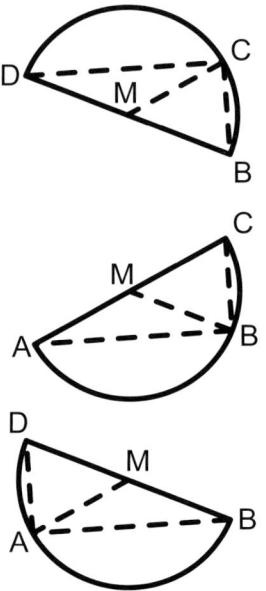

Mathe verstehen durch Papierfalten

Satz des Thales

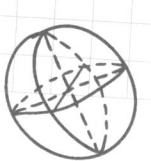

Leitidee Raum und Form

Das brauchst du:
- ✓ Kreispapier
- ✓ farbige Stifte

Vorbereitung

Falte zwei Durchmesser des Kreises, die nicht senkrecht aufeinanderstehen. Der Schnittpunkt heißt M. Benenne die entstandenen Randpunkte mit A, B, C, D. Falte dann die Strecken $\overline{AB}$, $\overline{BC}$, $\overline{CD}$ und $\overline{DA}$.

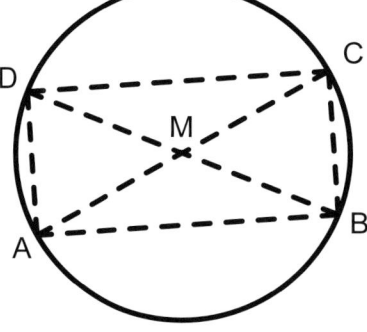

Aufgaben

1. Klappe den Kreis entlang des Durchmessers $\overline{AC}$ zum Halbkreis.

   Vermutung:
   Das Dreieck ACD ist ein .... Dreieck.

   Überprüfe deine Vermutung. Nun sollst du herausfinden, ob das immer so ist, egal wie man die Durchmesser am Anfang wählt.

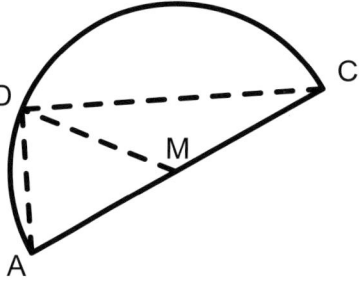

2. a) Markiere auf dem Faltblatt alle Faltlinien, die Radien des Kreises sind.
   b) Welche besonderen Dreiecke sind die Dreiecke AMD und MCD? Begründe.

   ....

   ....

3. Färbe auf deinem Faltblatt gleich große Winkel mit derselben Farbe und benenne gleiche Winkel mit demselben griechischen Buchstaben.

4. a) Notiere mit deinen benannten Winkeln den Innenwinkelsatz für das Dreieck ACD und vereinfache.

   .... + ... + ... + ... = 180°   →   .... + ... = ...

   b) Was kannst du aus der letzten Gleichung über den Winkel ∢ ADC sagen?

   ....

5. Formuliere deine Erkenntnisse in einem allgemeingültigen Satz.

   Satz des Thales:

   ....

   ....

Runde Kurven falten

Klasse: 7–10
Material: Kreispapier

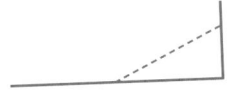

Didaktische Hinweise

Der Schwerpunkt dieser Falteinheit liegt nicht im konkreten Entdecken der Ellipse als geometrischem Objekt, sondern vielmehr darin, diese zu nutzen, um **Symmetrien** zu erkunden. So sollen Punkte und Achsen gefunden werden, weshalb die Faltvorgänge im Vorhinein geplant werden müssen.

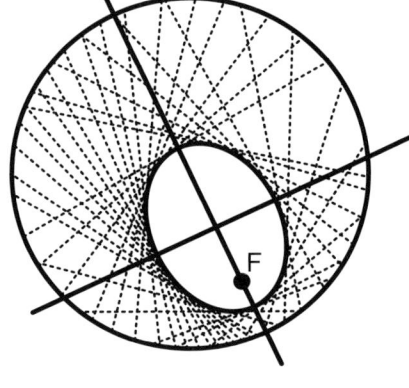

Lösungen und methodische Tipps

zu 1. Die obere Abbildung zeigt die Symmetrieachsen.

zu 2. Eine Ellipse ist die Menge aller Punkte, die zu zwei vorgegebenen Punkten denselben Gesamtabstand haben.

zu 3. Die Bezeichnungen für a) bis g) sind in der mittleren Abbildung eingezeichnet.

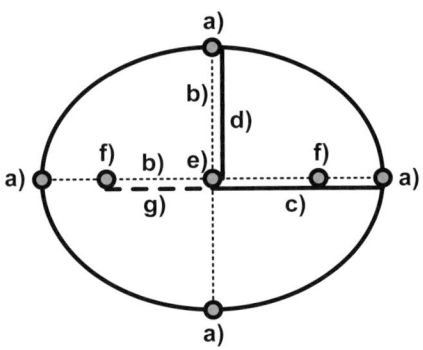

zu 4. a) Den zweiten Brennpunkt kann man finden, indem man die Ellipse entlang der kurzen Symmetrieachse faltet und dann bspw. mit der Zirkelspitze durch den ersten Brennpunkt sticht.

b) Der zweite Brennpunkt ist der Mittelpunkt des Kreises.

Dies lässt sich auch nachweisen, wobei die Herleitung sicherlich eher zum Nachvollziehen geeignet ist. Aufgrund des Faltvorganges gelten die Beziehungen

(1) $\overline{BP} = \overline{PF}$
(2) $\overline{PG} = \overline{FS}$
(3) $\overline{SA} = \overline{FS}$

Dann ergibt sich für die weiteren Strecken:

$\overline{BG} = \overline{BP} + \overline{PG} = \overline{PF} + \overline{FS}$ nach (1) und (2)
$\phantom{\overline{BG}} = \overline{PG} + \overline{GF} + \overline{FS}$ nach Abbildung
$\phantom{\overline{BG}} = \overline{FS} + \overline{GF} + \overline{FS}$ nach (2)
$\phantom{\overline{BG}} = \overline{FS} + \overline{GF} + \overline{SA}$ nach (3)
$\phantom{\overline{BG}} = \overline{GA}$ nach Abbildung

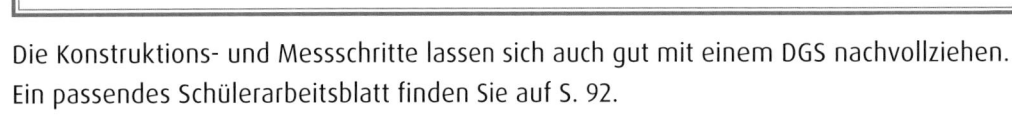

Die Konstruktions- und Messschritte lassen sich auch gut mit einem DGS nachvollziehen. Ein passendes Schülerarbeitsblatt finden Sie auf S. 92.

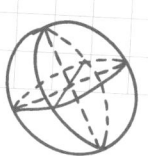

Runde Kurven falten

Das brauchst du:
✓ Kreispapier

Vorbereitung

Markiere auf dem runden Papier einen beliebigen Punkt F. Falte den Rand des Papiers bis zu diesem Punkt F und klappe die Faltung wieder auf. Wiederhole deine Faltung mit vielen verschiedenen Randpunkten.

Aufgaben

1. Die Faltlinien schließen eine Figur ein. Es handelt sich um eine Ellipse. Ziehe diese mit einem Stift sauber nach. Falte die Symmetrieachsen der Ellipse und ziehe auch diese mit einem Stift nach.

2. Recherchiere, wie eine Ellipse definiert ist.

   ....

   ....

3. Informiere dich über folgende Begriffe und bezeichne sie in der Skizze.

   a) Scheitel
   b) Achsen
   c) große Halbachse
   d) kleine Halbachse
   e) Mittelpunkt
   f) Brennpunkte
   g) Brennweite

   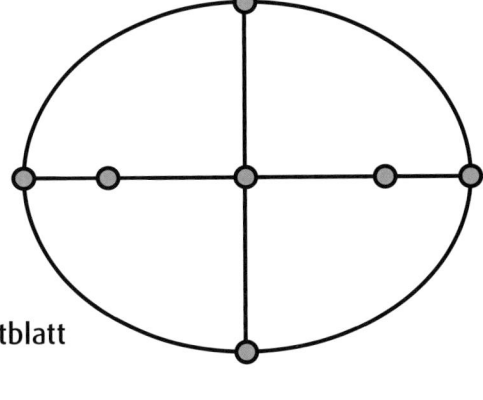

4. a) Der Punkt F ist ein Brennpunkt der Ellipse. Es gibt noch einen weiteren Brennpunkt G. Finde diesen auf deinem Faltblatt und beschreibe dein Vorgehen.

   ....

   ....

   b) Der Punkt G hat eine besondere Lage auf dem Papier. Welche ist das?

   ....

Runde Kurven falten mit DGS

Wie kann ich die Ellipse sichtbar machen?

Zeichne einen Kreis mit dem Mittelpunkt G und einem festen Radius (denke dir selbst einen Radius aus). Setze weiterhin einen Punkt F irgendwo ins Innere des Kreises sowie einen Punkt Q auf den Kreis. Achte darauf, dass Q an den Kreis gebunden ist (er muss also auf dem Kreis bleiben, wenn du ihn verschiebst).

Die Faltlinie entsteht, wenn du Q auf F faltest. Welche besondere Linie ist diese Faltlinie?

Die Faltlinie ist die .... von Q und F.

Konstruiere diese Faltlinie.

Lasse dir die Spur der Faltlinie anzeigen, während du Q verschiebst. Du müsstest dieselbe Situation wie bei der Faltung erhalten.

Wie kann ich die Ellipse erzeugen?

Um mit einem DGS eine Ellipse zu zeichnen, benötigst du zwei Brennpunkte und einen weiteren Punkt auf der Ellipse. G und F hast du schon als Brennpunkte, nun fehlt nur noch ein Punkt auf der Ellipse.

Zeichne die Gerade durch die Brennpunkte.

Diese Gerade ist die .... der Ellipse.

Die Gerade schneidet den Kreis in einem Punkt A in Richtung F. Der Mittelpunkt von A und F ist dann ein Scheitelpunkt S der Ellipse. Wenn du diesen erzeugt hast, kannst du die Ellipse konstruieren.

Kann ich die Ellipse vermessen?

Markiere einen Punkt R auf der Ellipse. Dieser muss an der Ellipse gebunden sein. Zeichne weiterhin die Strecken $\overline{FR}$ und $\overline{GR}$ ein und lasse dir ihre Längen anzeigen. Weiterhin lässt du dir (z. B. in einem Textfeld) die Summe $\overline{FR} + \overline{GR}$ anzeigen.

Verschiebe R auf der Ellipse. Stimmen deine Beobachtungen mit der Definition der Ellipse überein?

Vergleiche außerdem den Radius deines Kreises mit der Summe $\overline{FR} + \overline{GR}$. Was stellst du fest? Variiere auch den Radius des Kreises oder die Lage von F, um deine Vermutung zu bestätigen.

Kongruenz und Ähnlichkeit

Klasse: 7/8
Material: DIN-A4-Blätter, *Anleitungskarte* „Gleichseitiges Dreieck aus einem DIN-A4-Blatt", farbige Stifte

Didaktische Hinweise

Wir fassen hier die Einheiten zu **Kongruenz und Ähnlichkeit** zusammen, da sie nahezu identisch aufgebaut sind. Das Falten bietet hier die seltene Möglichkeit, Kongruenz nicht nur zu vermuten und mit Kongruenzsätzen nachzuweisen, sondern durch „Übereinanderfalten" direkt zu veranschaulichen. Auch ähnliche Figuren können übereinander gefaltet werden, womit **zentrische Streckungen bzw. Strahlensätze** sichtbar werden.

> Neben dem selbstdifferenzierten Vorgehen bei Aufgabe 1 sind bei Aufgabe 3 verschiedene Stufen des Beweisens möglich. So können Figuren übereinandergefaltet werden, es kann die Gleichheit einzelner Stücke durch Falten begründet werden oder aber es werden formale Beweise geführt.

Lösungen und methodische Tipps (⇨ Kasten)

Kongruenz

zu 1. Hier sind verschiedene Lösungen möglich.

zu 2.
a) ☒ kongruent ☐ nicht kongruent
b) ☒ kongruent ☐ nicht kongruent
c) ☐ kongruent ☒ nicht kongruent
d) ☐ kongruent ☒ nicht kongruent

zu 3. Der Beweis muss sich auf einen der vier Kongruenzsätze SSS, SWS, WSW oder SsW beziehen.

Ähnlichkeit

zu 1.
a) Hier sind verschiedene Lösungen möglich.
b) Die Begründung kann ausschließlich über die betrachteten Winkel erfolgen.

zu 2.
a) ☒ ähnlich ☐ nicht ähnlich
b) ☒ ähnlich ☐ nicht ähnlich
c) ☐ ähnlich ☒ nicht ähnlich
d) ☒ ähnlich ☐ nicht ähnlich

zu 3. Der Beweis sollte sich auf den Hauptähnlichkeitssatz beziehen.

Kongruenz

Leitidee Raum und Form

Das brauchst du:
- ✓ DIN-A4-Blatt
- ✓ *Anleitungskarte:* „Gleichseitiges Dreieck aus einem DIN-A4-Blatt"
- ✓ farbige Stifte

Vorbereitung

Falte zunächst ein gleichseitiges Dreieck (Schritte (a) bis (f) auf der Anleitungskarte).

Aufgaben

1. a) Male auf deinem Faltblatt eine beliebige Figur aus. Tausche dann dein Faltblatt mit deinem Nachbarn. Suche eine Figur, die kongruent zur ausgemalten ist, und markiere sie in derselben Farbe.
   b) Umrande mindestens eine weitere Figur, zu der es keine kongruente Figur gibt.

2. Entscheide, ob die markierten Dreiecke kongruent zueinander sind, und kreuze entsprechend an. Untersuche auch durch Falten.

   a)   b)   c)   d)

   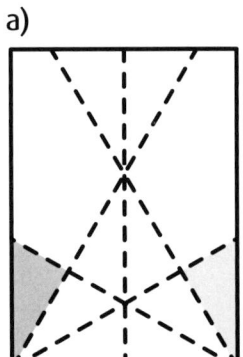

   ☐ kongruent   ☐ kongruent   ☐ kongruent   ☐ kongruent

   ☐ nicht kongruent   ☐ nicht kongruent   ☐ nicht kongruent   ☐ nicht kongruent

3. Wähle zwei zueinander kongruente Dreiecke aus, markiere sie in der Abbildung rechts und begründe ihre Kongruenz.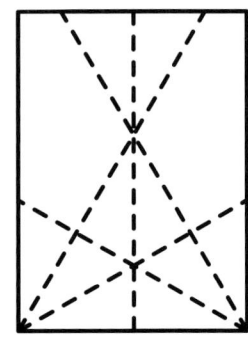

   ....

   ....

   ....

   Nach Kongruenzsatz .... sind die Dreiecke kongruent zueinander.

Ähnlichkeit

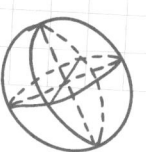

Leitidee Raum und Form

Das brauchst du:

✓ DIN-A4-Blatt
✓ *Anleitungskarte:* „Gleichseitiges Dreieck aus einem DIN-A4-Blatt"
✓ farbige Stifte

Vorbereitung

Falte zunächst ein gleichseitiges Dreieck (Schritte (a) bis (f) auf der Anleitungskarte).

Aufgaben

1. a) Male auf deinem Faltblatt eine Figur aus.
   Tausche dann dein Faltblatt mit deinem Nachbarn. Suche eine Figur, die ähnlich zur ausgemalten ist, und markiere sie in derselben Farbe.
   b) Umrande auf deinem Faltblatt zwei Dreiecke, die nicht ähnlich zueinander sind. Begründe.

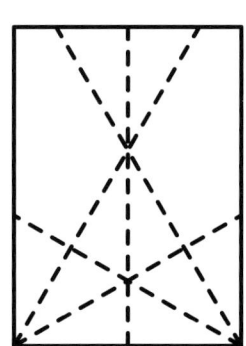

2. Entscheide, ob die markierten Dreiecke ähnlich zueinander sind, und kreuze entsprechend an.

a) 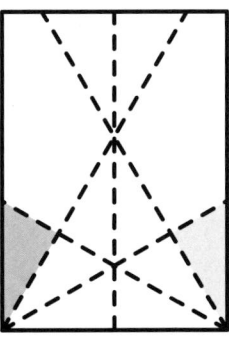   b) 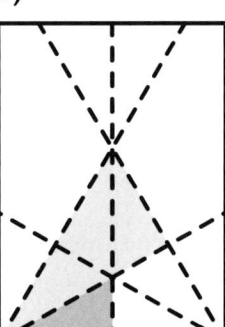   c) 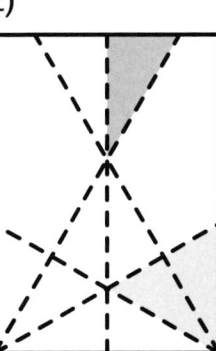   d)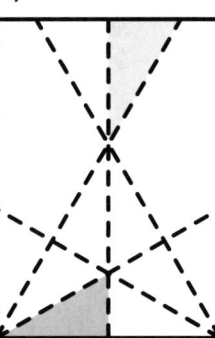

☐ ähnlich   ☐ ähnlich   ☐ ähnlich   ☐ ähnlich

☐ nicht ähnlich   ☐ nicht ähnlich   ☐ nicht ähnlich   ☐ nicht ähnlich

3. Wähle zwei zueinander ähnliche Dreiecke aus, markiere sie in der Abbildung rechts und begründe ihre Ähnlichkeit.

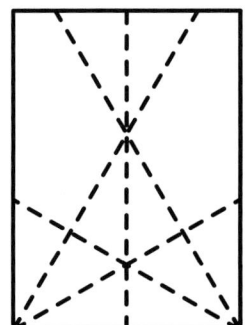

Regelmäßige Polyeder

Klasse: 7/8
Material: DIN-A4-Blätter, Scheren, Klebeband, Anleitungskarte „Gleichseitiges Dreieck aus einem DIN-A4-Blatt", ggf. Infokarte „Regelmäßige Polyeder"

Leitidee Raum und Form

Didaktische Hinweise

Die **regelmäßigen Polyeder** bzw. **Platonischen Körper** spielen nicht nur in der Mathematik, sondern in der gesamten **Wissenschaftsgeschichte** eine wesentliche Rolle. So tauchten sie bspw. in der griechischen Philosophie zur Verkörperung der vier Elemente auf, und Kepler nutzte sie bei der Beschreibung seines Planetenmodells.

Neben diesem historischen Aspekt bietet sich aus mathematischer Sicht auch die Betonung der **Ästhetik** dieser fünf Körper an. Trotz der wenigen Bedingungen, die an regelmäßige Polyeder gestellt werden, gibt es letztlich nur fünf Stück.

Der Beweis kann z. B. mit **klickbaren Flächen** durchgeführt werden:

Bei den **Dreiecken** können sich an einer Ecke des Körpers nur 3, 4 oder 5 treffen. 6 Dreiecke würden schon die Ebene ausfüllen, da sie Sechsecke (Bienenwabenmuster) erzeugen.

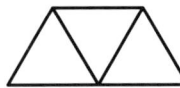 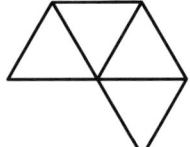 

Bei den **Vierecken** können sich an einer Ecke des Körpers nur 3 treffen, auch hier würden 4 Stück wieder zu einer Ebene führen.

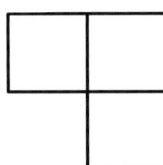

Bei den **Fünfecken** können sich an einer Ecke des Körpers ebenfalls nur 3 treffen.

Ergänzend dazu ist auch die Betrachtung **Archimedischer Körper** möglich. Das sind Körper, bei denen die Seitenflächen aus zwei bis drei verschiedenen regelmäßigen kongruenten n-Ecken bestehen, wobei die Vielecke an jeder Ecke des Körpers in gleicher Weise zusammenstoßen.

Der berühmteste Vertreter dieser Archimedischen Körper ist der Ikosaederstumpf – auch Fußball genannt. Eine Faltanleitung dafür finden Sie in Albrecht Beutelspacher, Marcus Wagner: „Wie man durch eine Postkarte steigt", Herder, Freiburg 2008, S. 105.

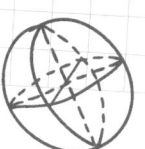

Leitidee Raum und Form

Regelmäßige Polyeder

Lösungen und methodische Tipps

Zur Recherche kann die Infokarte „Regelmäßige Polyeder" genutzt werden, die Sie auf S. 12 finden. Als Material ist sie auf den Arbeitsblättern nicht mit erwähnt, sodass Sie als Lehrer entscheiden können, ob Ihre Schüler diese Hilfestellung erhalten oder selbst auf die Suche nach Informationen gehen müssen. So kann das Arbeitsblatt bspw. auch gut als Hausaufgabe eingesetzt werden.

zu 1. Es entsteht ein **Oktaeder**, dieser besteht aus **8** gleichseitigen Dreiecken als Seitenflächen, **12** Kanten und **6** Ecken. An jeder Ecke stoßen **4** Kanten aneinander.

zu 2. Es entsteht ein **Ikosaeder**, dieser besteht aus **20** gleichseitigen Dreiecken als Seitenflächen, **30** Kanten und **12** Ecken. An jeder Ecke stoßen **5** Kanten aneinander. (⇨ Kasten)

> Das Netz des Ikosaeders kann auch ohne Schneiden gefaltet werden. Auch wäre es möglich, dass die Schüler selbst Netze finden. Dies halten wir jedoch nur für realistisch, wenn aneinanderklickbare Dreiecke als Material zur Verfügung stehen.

zu 3. Regelmäßige Polyeder sind Körper, deren Seitenflächen kongruente regelmäßige n-Ecke sind und bei denen an jeder Ecke gleich viele Kanten aneinanderstoßen.

Name	Abbildung	Seitenflächen
Tetraeder		4 gleichseitige Dreiecke
Hexaeder		6 Quadrate
Oktaeder		8 gleichseitige Dreiecke
Dodekaeder		12 gleichseitige Fünfecke
Ikosaeder		20 gleichseitige Dreiecke

zu 4. b) Es kann kein regelmäßiges Polyeder entstehen, da die Anzahl der Kanten, die an einer Ecke aneinanderstoßen, manchmal 3, manchmal aber auch 4 ist.

Mathe verstehen durch Papierfalten

Regelmäßige Polyeder (1/2)

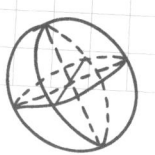

Leitidee Raum und Form

Das brauchst du:
- ✓ 2 DIN-A4-Blätter
- ✓ *Anleitungskarte:* „Gleichseitiges Dreieck aus einem DIN-A4-Blatt"
- ✓ Schere
- ✓ Klebeband

Vorbereitung

Stelle ein gleichseitiges Dreieck her (Schritte (a) bis (h) auf der Anleitungskarte). Führe dann die Schritte (i) bis (k) mit allen drei Ecken durch.

Aufgaben

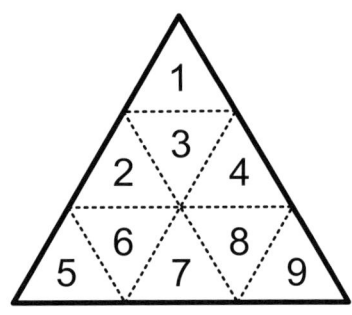

1. a) Falte aus dem Dreieck eine quadratische Pyramide mit offener Grundfläche. Als Seitenflächen können dir die Dreiecke 2, 6, 7 und 8 (siehe Abbildung oben) dienen. Die restlichen Flächen knickst du einfach weg.

   b) Du und dein Nachbar kleben die Pyramiden an den quadratischen Flächen zusammen. Findet ihr heraus, welche Figur dabei entsteht?

   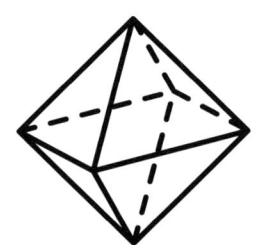

   Es entsteht ein ...., dieser besteht aus

   .... gleichseitigen Dreiecken als Seitenflächen, ... Kanten

   und .... Ecken. An jeder Ecke stoßen .... Kanten aneinander.

2. Stelle ein weiteres gleichseitiges Dreieck her (Schritte (a) bis (n) auf der Anleitungskarte).

   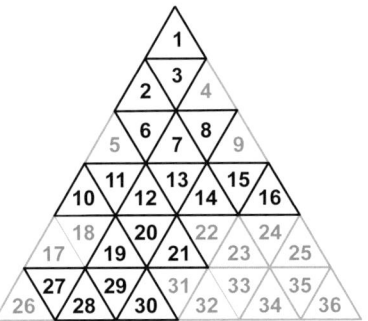

   Schneide von diesem zweiten Dreieck ein paar Teile ab, sodass die Teile übrig bleiben, wie es die Abbildung rechts zeigt. Klebe diese zu einem Körper zusammen, wie er ganz unten rechts zu sehen ist, und recherchiere, wie er heißt.

   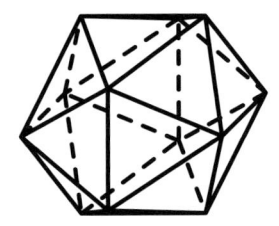

   Es entsteht ein ...., dieser besteht aus

   .... gleichseitigen Dreiecken als Seitenflächen, ... Kanten

   und .... Ecken. An jeder Ecke stoßen .... Kanten aneinander.

Mathe verstehen durch Papierfalten © Verlag an der Ruhr | Autoren: Etzold, Petzschler | ISBN 978-3-8346-2626-4 | www.verlagruhr.de

Regelmäßige Polyeder (2/2)

3. Die beiden Körper, die du in Aufgabe 1 und 2 gebaut hast, gehören zu den regelmäßigen Polyedern, auch Platonische Körper genannt. Findest du heraus, wie sich ihre Bezeichnungen zusammensetzen? Fülle die Tabelle aus.

Name	Abbildung	Seitenflächen
Tetraeder		4 gleichseitige Dreiecke

Ganz allgemein sind regelmäßige Polyeder Körper, bei denen ....
....

4. a) Baue mit deinem Nachbarn einen Körper, der aus sechs gleichseitigen Dreiecken besteht. Skizziere das Schrägbild.
   b) Warum handelt es sich dabei nicht um ein regelmäßiges Polyeder?

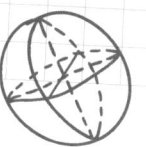

Tetraeder im Würfel

Klasse: 9/10
Material: DIN-A4-Blätter, *Anleitungskarte* „Gleichseitiges Dreieck aus einem DIN-A4-Blatt", Scheren, Klebeband

Didaktische Hinweise

Dass das Tetraeder gerade so in einen Würfel passt, scheint auf den ersten Blick keinesfalls selbstverständlich. Mit dieser Falteinheit sollen die zugehörigen **Lagebeziehungen** und **Abstände**, die den **Zusammenhang zwischen Tetraeder und Würfel** beschreiben, untersucht werden. Dabei wird das **räumliche Vorstellungsvermögen** geschult, auch die Betrachtung weiterer regelmäßiger Polyeder wäre möglich.

Lösungen und methodische Tipps

zu 1. Die beiden Strecken sind senkrecht zueinander.

zu 2. Die Kantenlänge des Würfels mit $\frac{k}{\sqrt{2}}$ erhält man über den Satz des Pythagoras, wenn bedacht wird, dass die Kante des Tetraders gerade die Flächendiagonale einer Würfelseite ist. (⇨Kasten)

zu 3. Hier müssen die Schüler mit ihren gemessenen Größen ein entsprechendes Würfelnetz herstellen und den Würfel daraus bauen. Beim DIN-A4-Blatt ist k = 10,5 cm, also $\frac{k}{\sqrt{2}} \approx 7,4$ cm.

zu 4. Das Tetraeder nimmt $\frac{1}{3}$ des Volumens des Würfels ein.

> Für leistungsstärkere Schüler würde sich hier ein Beweis anbieten, dass das Tetraeder in den Würfel passt. Dies kann über Symmetriebetrachtungen begründet werden oder es wird gezeigt, dass der Abstand der zueinander senkrechten Würfelkanten auch $\frac{k}{\sqrt{2}}$ beträgt.

Dies lässt sich hier jedoch nicht damit begründen, dass ein Pyramidenvolumen immer ein Drittel des zugehörigen Prismenvolumens ist, da die Grundflächen von Tetraeder und Würfel nicht übereinstimmen.

Einerseits ist natürlich eine formale Bestimmung der Volumina möglich mit

$$V_{\text{Würfel}} = \left(\frac{k}{\sqrt{2}}\right)^3 = \frac{k^3}{2\cdot\sqrt{2}} = \frac{\sqrt{2}}{4} k^3 \text{ und } V_{\text{Tetraeder}} = \frac{\sqrt{2}}{12} k^3.$$

Andererseits wäre auch eine inhaltliche Überlegung über die „Restkörper" möglich: Insgesamt fehlen zum Ausfüllen des Würfels vier Pyramiden, deren Grundflächen jeweils der Hälfte der Quadratflächen und deren Höhen der des Würfels entsprechen.

Damit ist $V_{\text{Rest}} = 4 \cdot \frac{1}{3} \cdot \frac{1}{2} A_G \cdot h = \frac{2}{3} V_{\text{Würfel}}$

Mathe verstehen durch Papierfalten

Tetraeder im Würfel

Das brauchst du:

✓ DIN-A4-Blatt
✓ *Anleitungskarte:*
  „Gleichseitiges Dreieck aus einem DIN-A4-Blatt"
✓ Schere
✓ Klebeband

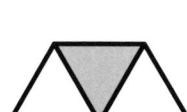
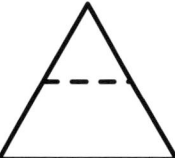

Vorbereitung

Stelle ein gleichseitiges Dreieck her (Schritte (a) bis (h) auf der Anleitungskarte). Falte daraus das Netz eines Tetraeders und klebe dieses zusammen (Abbildungen rechts).

Aufgaben

1. Fasse zwei Ecken des Tetraeders mit Zeigefinger und Daumen einer Hand. Fasse die anderen beiden Ecken mit Zeigefinger und Daumen der anderen Hand. Was kannst du über die Lagebeziehung dieser beiden Strecken aussagen?

   ....

2. Das Tetraeder passt, wenn man es geschickt legt, in einen Würfel. Wenn das Tetraeder die Kantenlänge k hat, muss der Würfel die Kantenlänge $\frac{k}{\sqrt{2}}$ haben. Begründe diesen Zusammenhang.

   ....
   ....
   ....

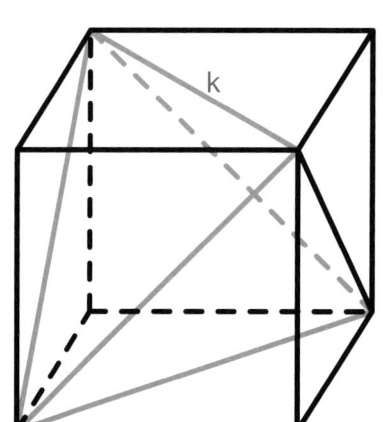

3. Baue den Würfel, in den das Tetraeder gerade so reinpasst.

4. Welchen Volumenanteil hat das Tetraeder am Würfel?

   Schätzung: ☐ $\frac{1}{2}$ ☐ $\frac{1}{3}$ ☐ $\frac{1}{4}$ ☐ $\frac{2}{5}$ ☐ $\frac{2}{3}$
   Berechnung:

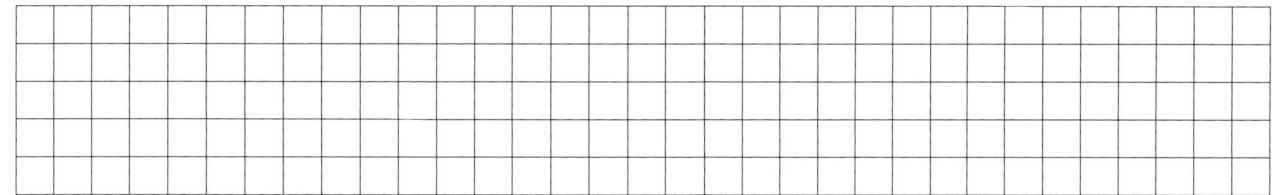

Mathe verstehen durch Papierfalten

Leitidee Raum und Form

Einfach nur falten

Klasse: 9/10
Material: quadratische Blätter und DIN-A4-Blätter

Didaktische Hinweise

Diese Falteinheit beinhaltet gestufte Aufgaben zu zunächst einfachen **Faltmustern**. So lassen sich die Aufgaben von der ersten Seite noch anschaulich und durch „**Nachfalten**" lösen. Die Aufgaben der zweiten Seite lassen sich dann durch **Nachmessen** oder **theoretisches Herleiten** beantworten.

Lösungen und methodische Tipps

zu 1. a) Es entsteht ein **Trapez**.
   b) Die graue Fläche nimmt $\frac{3}{8}$ der Gesamtfläche ein.
   c) An dieser Stelle möchten wir Ihnen als Beispiel die Lösung eines unserer Schüler zu dieser Aufgabe zeigen:

> Der graue Teil des Quadrates beträgt $\frac{3}{8}$.
> Ich bin zu diesem Ergebnis gekommen indem ich das gesamte Quadrat mit allen Teilen entlang der Falze ausgeschnitten habe. Dabei sah ich das die zwei Teile des linken unteren Quadrats kongruent sind d.h. es war $\frac{1}{8}$ des Quadrates in diesem Teil grau. Zudem konnte ich durch umlegen herausfinden, dass das Dreieck im rechten oberen Quadrat kongruent zu dem im darunter liegenden war. Durch Austauschen der Ecken entstand ein komplettes graues Viertel des großen Quadrats. Alles addiert kam ich auf einen grauen Anteil von $\frac{3}{8}$ ($\frac{1}{8} + \frac{2}{8}$).

Mathe verstehen durch Papierfalten

Leitidee Raum und Form

Einfach nur Falten

zu 2. a) Die Gleichheit der Strecken sieht man sofort beim Durchführen der Faltung, siehe rechte, obere Abbildung.

b) Die Strecke s passt 8-mal in die Seitenkante des Quadrates. Die Strecke s passt 5-mal in die Strecke x.

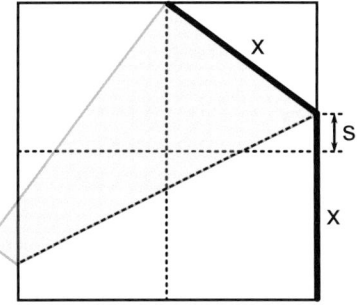

> Dieser Zusammenhang lässt sich auch rechnerisch herleiten, wenn k die Länge der Quadratseite ist:
>
> $(\frac{k}{2})^2 + (\frac{k}{4})^2 = q^2$ und $q^2 + p^2 = x^2$,
>
> aus diesen beiden Formeln folgt $p^2 = ks + s^2 - \frac{k^2}{16}$;
>
> in dem kleinen Dreieck gilt $p^2 = s^2 + \frac{k^2}{16}$.
>
> Nach Gleichsetzen und Umformen erhält man $s = \frac{k}{8}$.

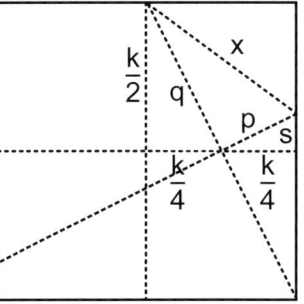

zu 3. Durch das Falten entsteht die Diagonale.

zu 4. a) siehe rechte untere Abbildung

b) Die Länge der langen Seite folgt aus dem DIN-A4-Format (siehe S. 6 und Abbildung rechts unten), die restlichen Strecken lassen sich wieder über Pythagoras-Dreiecke herleiten.

Zur Geschichte dieser Faltung

Dieses Arbeitsblatt ist ein typisches Beispiel dafür, wie intensiv man über eine einfache Faltung sprechen kann. Bei einer Lehrerfortbildung wurde uns diese Faltung vorgestellt. Wir vermuteten relativ schnell den Anteil von $\frac{3}{8}$, konnten dies auch anschaulich nachvollziehbar machen. Eine Beweisidee lässt sich aus dem Faltvorgang herleiten. Das Aufeinanderfalten zweier Punkte ist nichts anderes als das Bilden der Mittelsenkrechten dieser zwei Punkte. Damit wird mit der Faltlinie die rechte Hälfte des Quadrats halbiert. Dies wurde erst deutlich, als wir die Situation mit einer dynamischen Geometriesoftware veranschaulichten. Hier zeigt sich wieder, welche Stärke ein DGS bei der Beweisfindung im Mathematikunterricht aufweisen kann.

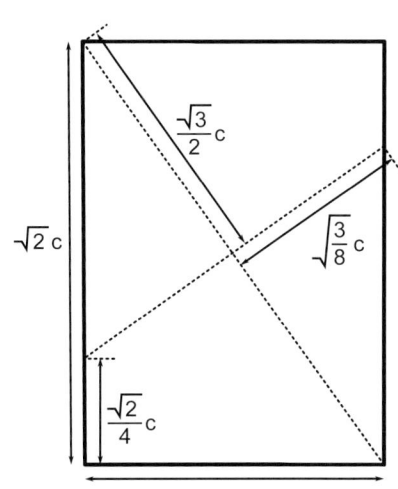

Mathe verstehen durch Papierfalten

Leitidee Raum und Form

Einfach nur falten (1/2)

Das brauchst du:
- ✓ quadratisches Blatt
- ✓ DIN-A4-Blatt

Vorbereitung

Falte das quadratische Papier entsprechend der Anleitung.

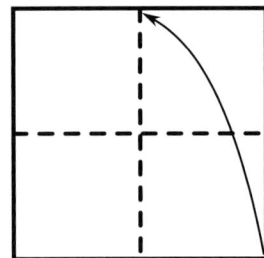 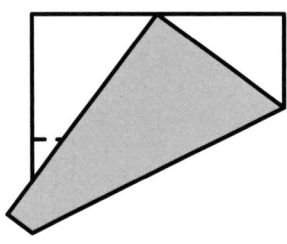 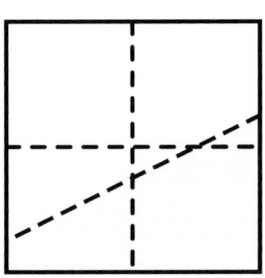

Aufgaben

1. a) Das in der rechten Abbildung grau markierte Viereck ist ein ....
   b) Welchen Anteil hat diese graue Fläche am gesamten Quadrat? Kreuze an.

   ☐ $\frac{1}{2}$ ☐ $\frac{2}{3}$ ☐ $\frac{3}{8}$ ☐ $\frac{3}{7}$

   c) Überprüfe deine Vermutung von Aufgabe b) durch Ausschneiden und Übereinanderlegen der Teilfiguren deines Faltblattes. Dokumentiere deinen Lösungsweg.

   ....
   ....
   ....

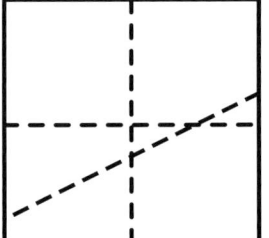

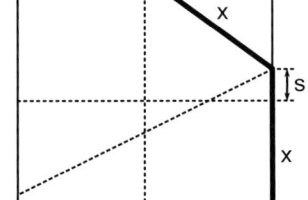

2. a) Begründe, dass die beiden in der rechten unteren Abbildung mit x bezeichneten Strecken gleich lang sind.
   Tipp: Wiederhole noch einmal die Schritte des Faltens.

   ....
   ....
   ....

Einfach nur falten (2/2)

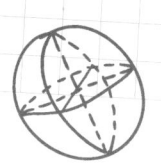

b) Fülle die Lücken aus. Finde die Lösung z. B. durch Falten heraus.

Die Strecke s passt ....-mal in die Seitenkante des Quadrates.

Die Strecke s passt ....-mal in die Strecke x.

3. Falte nun das DIN-A4-Papier entsprechend der Anleitung.

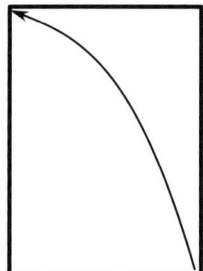 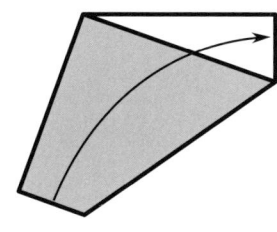 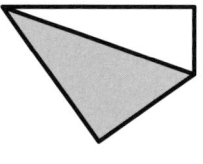 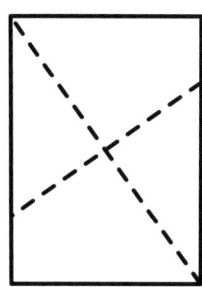

Welche besondere Linie des Vierecks hast du beim zweiten Faltschritt gefaltet?

Ich habe eine .... gefaltet.

4. a) Die kurze Seite des DIN-A4-Blattes hat die Länge c.
   Ordne den weiteren Strecken ihre Längen zu.

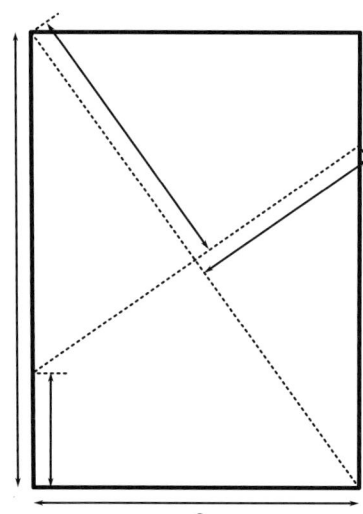

$\sqrt{2} \cdot c$

$\dfrac{\sqrt{3}}{2} \cdot c$

$\sqrt{\dfrac{3}{8}} \cdot c$

$\dfrac{\sqrt{2}}{4} \cdot c$

b) Miss deine gewählten Zuordnungen nach (c = 21 cm) und
   leite mindestens eine Länge her.

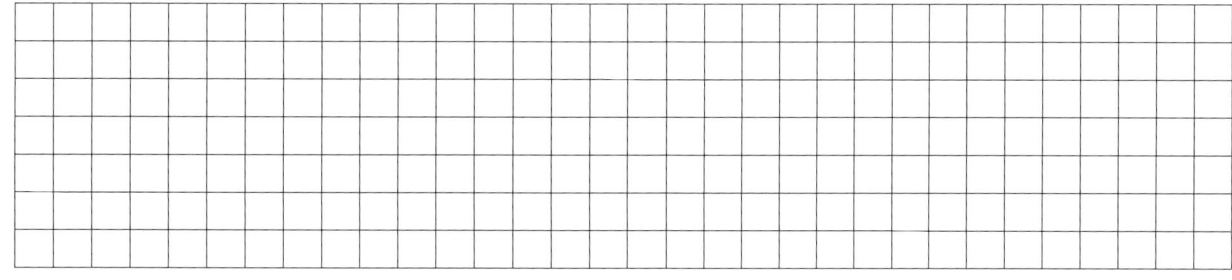

Vektoren im Quadrat

Klasse: 11–13
Material: quadratische Blätter

Didaktische Hinweise

Erfahrungsgemäß fällt den Schülern in der Oberstufe die **Unterscheidung zwischen Ortsvektoren und Vektoren** sowie die **Kombination mit „negativen" Vektoren** schwer.

Diese Falteinheit soll helfen, durch anschauliches Handeln das Zusammensetzen mehrerer Vektoren zu üben. Dabei wird bewusst kein Koordinatensystem gewählt, von dem aus alle Vektoren betrachtet werden.

Diese Übungen können als **Vorstufe für räumliche Betrachtungen** dienen, in denen die Schüler meist noch mehr Schwierigkeiten haben, voneinander abhängige Vektoren zu identifizieren. Bei räumlichen Betrachtungen kann dann auf Realobjekte, wie Würfel, oder auch das dreidimensionale Koordinatensystem (siehe S. 62) zurückgegriffen werden.

Lösungen und methodische Tipps

Für eine übersichtliche Bearbeitung der Aufgaben sollte das quadratische Blatt groß genug sein. Dieses können sich die Schüler schnell selbst aus einem DIN-A4-Blatt herstellen.

zu 1. Die Darstellung der Vektoren ist nicht eindeutig, da von Vektoren und nicht von Ortsvektoren gesprochen wird. So kann der Anfangspunkt beliebig gewählt werden. Entscheidend ist nur die Richtung und Länge des Vektors, nicht jedoch seine Lage.

zu 2. $\vec{c} = 3\vec{a} - \vec{b}$, $\quad \vec{d} = 2\vec{b} - 3\vec{a}$, $\quad \vec{e} = \vec{b} - 2\vec{a}$

zu 3. $\vec{g} = \vec{a} - \vec{b}$ $\qquad \vec{f} = \vec{a} - \vec{b} + \vec{a}$

$\vec{i} = \vec{a} - (\vec{b} + \vec{a}) + 2\vec{b}$ $\qquad \vec{h} = 2\vec{b} - \frac{1}{2}\vec{a}$

zu 4.

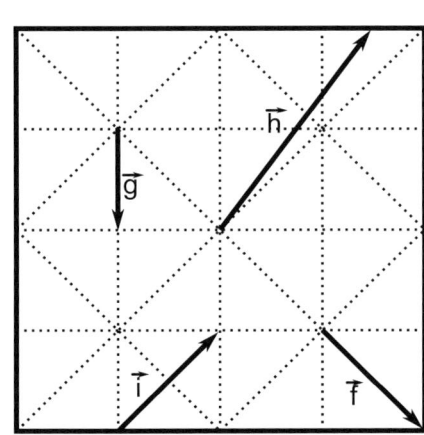

Aufgabe 4 eignet sich gut zur Differenzierung. So können leistungsstärkere Schüler auch „halbe" Vektoren verwenden, wie es z. B. bei Aufgabe 3 schon einmal vorkam.

Mathe verstehen durch Papierfalten

Vektoren im Quadrat

Das brauchst du:
✓ quadratisches Blatt

Vorbereitung

Falte die Linien entsprechend der rechts stehenden Abbildung und markiere die Vektoren $\vec{a}$ und $\vec{b}$.

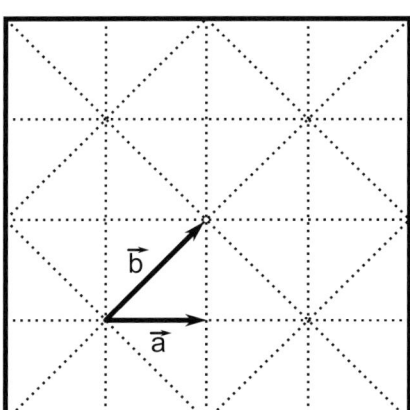

Aufgaben

1. Zeichne auf deinem Faltblatt die Vektoren $2\vec{a}$ und $-\vec{b}$ ein. Ist die Darstellung eindeutig? Begründe.

   ....
   ....

2. Beschreibe die Vektoren $\vec{c}$, $\vec{d}$ und $\vec{e}$ als Kombination der Vektoren $\vec{a}$ und $\vec{b}$. Zeichne die Wege dorthin auch auf deinem Faltblatt ein.

   $\vec{c}$ = ...

   $\vec{d}$ = ...

   $\vec{e}$ = ...

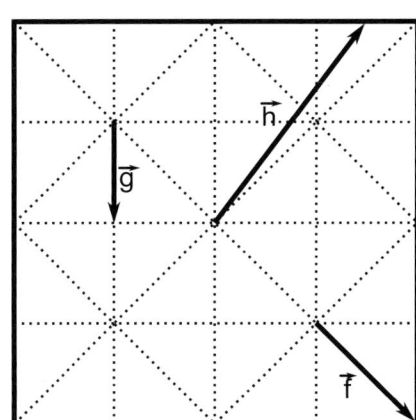

3. Ordne den Vektoren ihre möglichen Beschreibungen zu. Ergänze in der Abbildung den fehlenden Vektor.

   .... = $\vec{a} - \vec{b}$

   .... = $\vec{a} - \vec{b} + \vec{a}$

   .... = $\vec{a} - (\vec{b} + \vec{a}) + 2\vec{b}$

   .... = $2\vec{b} - \frac{1}{2}\vec{a}$

4. Wähle mit deinem Nachbarn einen gemeinsamen Startpunkt. Diktiere nun einen aus $\vec{a}$ und $\vec{b}$ kombinierten Vektor und überprüfe, ob dein Nachbar diesen richtig darstellt!

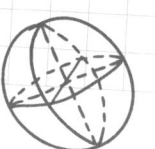

Vektoren im Viereck

Klasse: 11–13
Material: DIN-A4-Blätter

Didaktische Hinweise

Mit dieser Falteinheit soll anschaulich mit **Vektoren**, **Vektorketten** und **Anteilen von Vektoren** gearbeitet werden. Dies geschieht vor dem Hintergrund einer auf den ersten Blick überraschenden Tatsache, sodass eine besondere Motivation für das Beweisen mithilfe von Vektoren gegeben ist.

Lösungen und methodische Tipps

zu 1. Im Allgemeinen ergibt sich bei allen Schülern ein Parallelogramm.

Dass jedes allgemeine Viereck als „Mittenviereck" ein Parallelogramm hat, kann durchaus verwunderlich sein. Die Frage nach dem „Warum ist das immer so?" führt automatisch zum Beweis dieser Tatsache.

zu 2. *Voraussetzungen:* Bezeichnungen siehe Abbildung, E, F, G und H sind Mittelpunkte der Seiten $\overline{AB}$, $\overline{BC}$, $\overline{CD}$ und $\overline{DA}$.

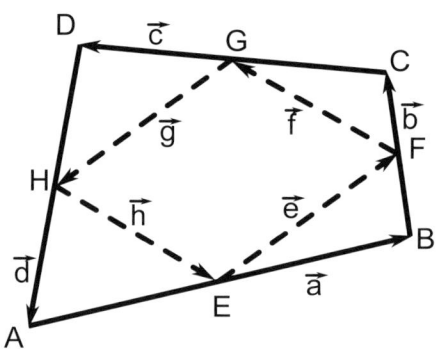

Behauptung: EFGH ist ein Parallelogramm.

Beweis:

(1) $\vec{a} + \vec{b} + \vec{c} + \vec{d} = \vec{0}$ ABCD ist Viereck

(2) $\frac{\vec{a}}{2} + \frac{\vec{b}}{2} + \frac{\vec{c}}{2} + \frac{\vec{d}}{2} = \vec{0}$ Gleichung (1) halbieren

(3) $\vec{e} = \frac{\vec{a}}{2} + \frac{\vec{b}}{2}$ nach Voraussetzung

(4) $\vec{f} = \frac{\vec{b}}{2} + \frac{\vec{c}}{2}$ nach Voraussetzung

(5) $\vec{g} = \frac{\vec{c}}{2} + \frac{\vec{d}}{2}$ nach Voraussetzung

(6) $\vec{h} = \frac{\vec{d}}{2} + \frac{\vec{a}}{2}$ nach Voraussetzung

(7) $\vec{e} + \vec{g} = \frac{\vec{a}}{2} + \frac{\vec{b}}{2} + \frac{\vec{c}}{2} + \frac{\vec{d}}{2} = \vec{0}$ (2), (3) und (5)

(8) $\vec{e} = -\vec{g}$ Gleichung (7) umformen

(9) $\vec{f} + \vec{h} = \frac{\vec{b}}{2} + \frac{\vec{c}}{2} + \frac{\vec{d}}{2} + \frac{\vec{a}}{2} = \vec{0}$ (2), (4) und (6)

(10) $\vec{f} = -\vec{h}$ Gleichung (9) umformen

(11) EFGH ist Parallelogramm   (8), (10)

Dass man aus den Schritten (8) und (10) auf ein Parallelogramm schließen kann, liegt daran, dass die Gleichheit zweier Vektoren dieselbe Richtung (also parallele Seiten) und denselben Betrag (also gleich lange Seiten) bedeutet.

Mathe verstehen durch Papierfalten

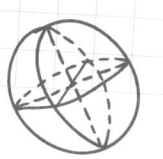

Vektoren im Viereck

Einsatz von DGS

Der Einsatz einer dynamischen Geometriesoftware bietet hier die Möglichkeit, systematisch zu untersuchen, wie die Art des „Mittenvierecks" (also ob es ein spezielles Parallelogramm, wie z. B. ein Quadrat, Rechteck oder eine Raute, ist) von der äußeren Viereckart abhängt.

Dabei muss zunächst der Zusammenhang zwischen den Seitenlängen des „Mittenvierecks" und den Diagonalen des äußeren Vierecks erkannt werden.

Man zeichnet ein beliebiges Viereck ABCD und lässt sich die Mittelpunkte der Seiten konstruieren. Daraufhin kann man diese zu dem „Mittenviereck" verbinden.

Schon die dynamische Veränderung der Punkte A, B, C oder D zeigt, dass es sich beim „Mittenviereck" stets um ein Parallelogramm handelt. Manchmal kann es sogar ein besonderes sein.

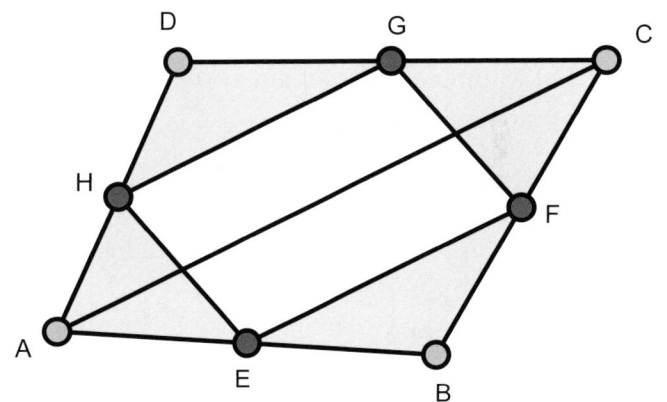

Nun ist bspw. die Seite $\overline{GH}$ stets parallel zur Diagonalen $\overline{AC}$ und halb so lang wie diese. Dieser Zusammenhang lässt sich mit den Strahlensätzen begründen und auch mit DGS nachmessen. Dasselbe gilt auch für die anderen Seiten und Diagonalen.

Nun muss nur der Zusammenhang der beiden Vierecke erkannt werden:

„Mittenviereck" soll sein	Bedingungen dafür im „Mittenviereck"	Schlussfolgerungen für das äußeres Viereck
Rechteck	Seiten stehen senkrecht zueinander.	Diagonalen stehen senkrecht zueinander, also muss es ein Drachenviereck sein.
Quadrat	Wie beim Rechteck, zusätzlich müssen Seiten gleich lang sein.	Wie beim Drachenviereck, zusätzlich müssen Diagonalen gleich lang sein, also muss es ein Quadrat sein.
Raute	Seiten sind gleich lang.	Diagonalen sind gleich lang, also muss es ein Rechteck sein.

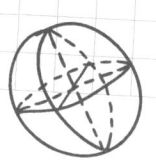

Vektoren im Viereck

Das brauchst du:
✓ DIN-A4-Blatt

Vorbereitung

Stelle dir aus einem A4-Blatt ein großes, „möglichst allgemeines" Viereck ABCD her. Falte die Mittelpunkte aller Seiten und dann die Verbindungsstrecken der Mittelpunkte benachbarter Viereckssiten.

Aufgaben

1. a) Die Faltlinien ergeben ein besonderes Viereck. Bei mir handelt es sich um ein/e ...

   ☐ Parallelogramm   ☐ Rechteck   ☐ Quadrat   ☐ Raute

   b) Wie heißt die Viereckart, die sich bei <u>allen Schülern</u> deiner Klasse ergeben hat?

   ☐ Parallelogramm   ☐ Rechteck   ☐ Quadrat   ☐ Raute

2. Vervollständige die Beweisschritte.
   Voraussetzungen: Bezeichnungen siehe Abbildung; E, F, G und H sind Mittelpunkte der Seiten $\overline{AB}$, $\overline{BC}$, $\overline{CD}$ und $\overline{DA}$.
   Behauptung: EFGH ist ein Parallelogramm.
   Beweis:

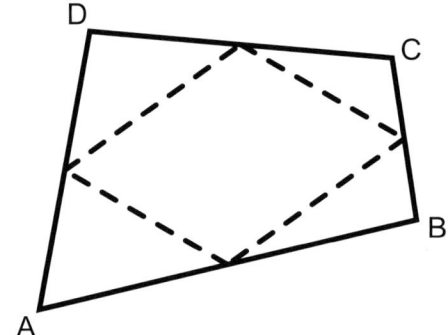

(1) $\vec{a} + \vec{b} + \vec{c} + \vec{d} = \vec{0}$		ABCD ist Viereck
(2)		Gleichung (1) halbieren
(3) $\vec{e} = \frac{\vec{a}}{2} + \frac{\vec{b}}{2}$		nach Voraussetzung
(4) $\vec{f} =$		nach Voraussetzung
(5) $\vec{g} =$		nach Voraussetzung
(6) $\vec{h} =$		nach Voraussetzung
(7) $\vec{e} + \vec{g} =$ .... $= \vec{0}$		.........., (3) und (5)
(8) $\vec{e} = -\vec{g}$		Gleichung (7) umformen
(9) $\vec{f} + \vec{h} =$ .... $=$		.........., ... und ....
(10)		Gleichung (9) umformen
(11) EFGH ist Parallelogramm		.........., ...

Übersicht: Alle Faltungen auf einem Blick

Faltung	Leitidee					Klassenstufe				Seite
	Zahl	Messen	Funktionaler Zusammenhang	Daten und Zufall	Raum und Form	5/6	7/8	9/10	11/12/13	
Brüche im Dreieck	x					x				18
Den Goldenen Schnitt erkunden				x				x		76
Dreidimensionales Koordinatensystem			x						x	62
Einfach nur falten					x			x		102
Exponentielles Wachstum	x					(x)	(x)	x		24
Flächeninhalte begründen		x				x	x			42
Geraden im Quadrat			x					x		48
Geradengleichungen			x						x	59
Innenwinkelsatz		x				x				32
Kombinatorik	x					x	x			28
Kongruenz und Ähnlichkeit				x			x			93
Kreisel				x			x			72
Kreisrund				x			x			86
Kurven falten			x					x	(x)	50
Mittelwerte falten		x				x	x			34
Quadrat falten					x	x				82
Regelmäßige Polyeder					x		x			96
Runde Kurven falten					x	x	x	x		90
Satz des Thales					x		x			88
Schnittpunkte	x					x				21
Tetraeder		x						x		38
Tetraeder im Würfel				x				x		100
Umkehrfunktion			x					x		56
Unendlich viele Brüche	x							x		26
Vektoren im Quadrat					x				x	106
Vektoren im Viereck					x				x	108
Volumenbetrachtung		x						x		36
Wahrscheinlichkeiten mit dem Flugschreiber				x		x				68
Winkel und Figuren					x	x				84
Zahlenmuster im Dreieck	x					x				14

Mathe verstehen durch Papierfalten

Quellen und Medientipps

Bei einigen Einheiten in diesem Buch haben wir uns von Faltanleitungen inspirieren lassen, die an der einen oder anderen Stelle schon einmal veröffentlicht worden sind. Dazu gehören die Faltungen (oder Teile davon) zu den unten genannten Falteinheiten. Des Weiteren können Ihnen die aufgelisteten Publikationen und Links ebenfalls zur weiteren Inspiration für einen anschaulichen, handlungsorientierten Unterricht dienen.

Katrin Barth, Sabine Müller:
Mathe aktiv und anschaulich vermitteln
Verlag an der Ruhr, 2013
ISBN 978-3-8346-2400-0

Albrecht Beutelspacher, Marcus Wagner:
Wie man durch eine Postkarte steigt
Herder, 2008, S. 111
ISBN 978-3-451-29643-7
→ Falteinheit „Tetraeder im Würfel" (S. 100)

Kristin Dahl, Mati Lepp:
Wollen wir Mathe spielen?
Oettinger, 2000, S. 30
ISBN 978-3-7891-3305-3
→ Falteinheit „Volumenbetrachtung" (S. 36)

Ines Petzschler, Heiko Etzold:
Spiele zur Unterrichtsgestaltung – Mathematik
Verlag an der Ruhr, 2011
ISBN 978-3-8346-0804-8

Christian Saile:
Christians Origami-Tricks
frechverlag, 2011, S. 80
ISBN 978-3-7724-5740-1
→ Falteinheit „Kreisel" (S. 11)

Armin Täubner:
Kinderleichter Sternenzauber
frechverlag, 2010, S. 29
ISBN 978-3-7724-5824-8
→ Stern bei der Falteinheit „Brüche im Dreieck" (S. 18)

http://did.mat.uni-bayreuth.de/~wn/Lernumgeb/Parabeln/parab2_1.html
→ Parabel bei der Falteinheit „Kurven falten" (S. 50)

http://kaernten.geometry.at/origami/praesentationen/seminarunterlagen.pdf
→ Oktaeder bei der Falteinheit „Dreidimensionales Koordinatensystem" (S. 62)

www.mathpoint.ch/aa_linie/kegelschnitte.html
→ Ellipse bei der Falteinheit „Runde Kurven falten" (S. 90)